...ATION

...OMPAS

ROUTE DES NAVIRES

ET DU MOYEN DE L'OBTENIR A L'AIDE DU

COMPAS DE DÉVIATIONS

PAR

E. DUBOIS,

ANCIEN OFFICIER DE MARINE,

PROFESSEUR D'HYDROGRAPHIE, CHARGÉ D'UN COURS D'ASTRONOMIE ET DE NAVIGATION
A L'ÉCOLE NAVALE IMPÉRIALE.

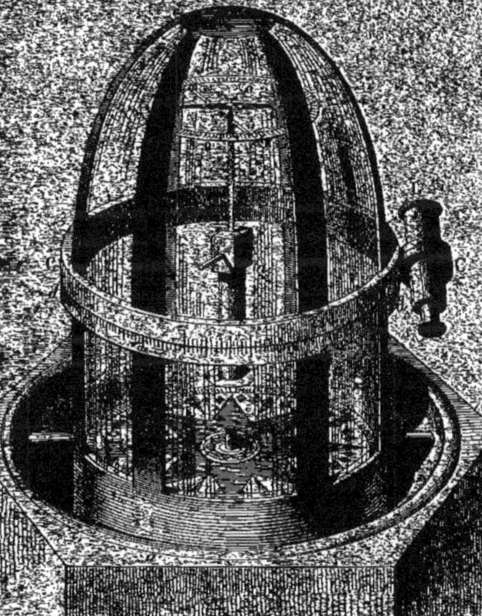

PARIS

ARTHUS BERTRAND, ÉDITEUR,

LIBRAIRIE MARITIME ET SCIENTIFIQUE,

LIBRAIRE DE LA SOCIÉTÉ DE GÉOGRAPHIE ET DE LA SOCIÉTÉ DE SAUVETAGE MARITIME

Rue Hautefeuille, 21.

DE
LA DÉVIATION
DES COMPAS

A BORD DES NAVIRES

ET DU MOYEN DE L'OBTENIR A L'AIDE

DU

COMPAS DE DÉVIATIONS

PAR

E. DUBOIS ✳,

ANCIEN OFFICIER DE MARINE,

PROFESSEUR D'HYDROGRAPHIE CHARGÉ D'UN COURS D'ASTRONOMIE ET DE NAVIGATION

A L'ÉCOLE NAVALE IMPÉRIALE.

<hr>

PARIS

ARTHUS BERTRAND, ÉDITEUR,

LIBRAIRIE MARITIME ET SCIENTIFIQUE,

LIBRAIRE DE LA SOCIÉTÉ DE GÉOGRAPHIE ET DE LA SOCIÉTÉ DE SAUVETAGE MARITIME,

Rue Hautefeuille, 21.

1867

C.

PRÉFACE.

La question des Compas préoccupe vivement, depuis plusieurs années, les marines des différentes nations, et a déjà donné lieu à des travaux importants. Cependant, à l'heure qu'il est, cette question ne semble pas encore résolue d'une manière satisfaisante.

En Angleterre et en Russie, des *comités* ont été officiellement établis dans le but de rechercher et de provoquer les améliorations à apporter aux compas des navires, afin d'obtenir de ces instruments des indications aussi exactes que possible sur la route du bâtiment.

Disons, tout d'abord, que, selon nous, on a beaucoup exagéré l'incertitude dans laquelle se trouvent les capitaines des bâtiments relativement aux indications fournies par les compas de bord.

Puisqu'en effet la route du navire est déterminée à l'aide de l'*aiguille aimantée*, ce qu'il est nécessaire de connaître pour savoir le chemin que suit réellement un navire sur le Globe, c'est tout simplement l'angle que fait l'axe de son aiguille aimantée avec le *méridien vrai* du lieu, autrement dit, la *variation* ou *déclinaison* de l'aiguille qui *convient au cap auquel le navire gouverne.*

Or, si le ciel n'est pas couvert, si un astre quelconque est visible, le marin a tout ce qu'il lui faut pour connaître exactement et sans grand calcul l'angle dont il a besoin. Son incertitude ne peut donc exister que LORSQU'IL CHANGE DE CAP PAR UN CIEL COUVERT ; dans ce cas, s'il navigue près des côtes, il pourrait, en effet, être préoccupé.

Mais tout marin sait qu'il est rare que le ciel reste complétement couvert jour et nuit pendant plusieurs jours ; par conséquent, si le navigateur, sachant qu'il doit approcher des côtes, a eu soin, quelques jours avant et quand le ciel était dégagé, de déterminer les variations de son aiguille pour les seize caps, ou même tout simplement pour les huit caps principaux, Nord, N. E., Est, S. E., Sud, S. O., Ouest, N. O., il *n'aura plus le droit d'être sérieusement inquiet.*

Ainsi, disons donc, pour ne rien exagérer, *qu'il n'y a nullement péril en la demeure,* et si des navires se sont perdus par suite de fausses indications de leurs compas, c'est que les capitaines n'avaient pas pris les précautions qu'ils auraient dû prendre, c'est qu'ils *avaient négligé de faire les déterminations que nous venons d'indiquer.*

A l'époque où les navires ne produisaient pas sur leurs compas les déviations considérables qu'ils produisent bien souvent aujourd'hui, on se bornait, en général, à prendre pour *variation* celle marquée sur la carte, et cela à quelque cap que fût le navire.

Cependant, sur les navires de guerre, le chef de timonerie, pour l'acquit de conscience du capitaine, déterminait, à l'aide de *l'amplitude,* au moment du lever ou du coucher du soleil, la variation du compas de relèvement, que l'on installait sur le pont, au point le plus convenable pour apercevoir le soleil *sans changer la route du navire.*

Cette *variation,* grâce aux coups de pouce donnés, se trouvait presque toujours d'accord avec celle marquée sur la carte.

Du reste, si des différences existaient, on préférait les attribuer à *une faute de calcul ou à un mauvais relèvement* plutôt que de croire à une action *magnétique réelle* du navire sur l'aiguille aimantée. Aussi, que de *courants* ont été signalés et qui n'étaient que le résultat d'une *mauvaise* estime, déterminée par une *variation* très-différente de celle qui existait réellement !

Mais aujourd'hui que pas un marin n'ignore que la *variation locale*, c'est-à-dire celle marquée sur la carte, est quelquefois *très-différente* de celle relative à un certain cap du bâtiment, on navigue avec moins de confiance, parce que, dans la détermination de la variation, les moyens de contrôle manquent.

C'est pour cela qu'on a cherché à *corriger les compas*, c'est-à-dire à annuler, autant que possible, ses écarts autour du méridien magnétique produits par les substances magnétiques du bâtiment. Or, cette correction des compas, qui, jusqu'à présent, n'a pu être tentée qu'en introduisant, dans le navire et près des aiguilles, des aimants puissants, augmente par le fait cette quantité d'actions magnétiques agissant sur l'aiguille ; et si, dans certains cas, ces aimants peuvent avoir une action favorable, ils peuvent aussi, dans d'autres, être la source d'erreurs considérables. On ne comprend pas, du reste, comment, *dans un lieu donné*, des aimants placés à bord d'un navire pour forcer l'aiguille aimantée à se maintenir dans le plan du méridien magnétique qui correspond à une intensité magnétique et à une inclinaison particulières, pourraient encore produire le même effet, si le *méridien*, l'*inclinaison* et l'intensité *magnétiques* du lieu venaient à changer d'une manière notable.

C'est cependant le cas qui se présente quand, dans le cours de sa navigation, un navire change d'hémisphère.

On comprend qu'il doit alors exister deux causes devant modifier l'action des *aimants correcteurs* sur l'aiguille aimantée :

1° Le changement dans ce que l'on pourrait appeler l'*état magnétique de la Terre*, état qui, à une époque donnée, est propre à chaque lieu ;

2° Le changement dans ce que l'on nomme l'*état magnétique du bâtiment*.

Aussi a-t-on signalé des erreurs considérables produites sur les navires accomplissant de longues navigations, par les aimants correcteurs. C'est même ce qui a déterminé l'*amirauté anglaise à défendre la correction des compas sur les navires de la marine royale d'Angleterre.*

Pour suppléer à la correction des compas on a cherché, dans ces derniers temps, à utiliser les formules que l'illustre Poisson avait données, en 1841, pour obtenir à bord, sous l'influence du magnétisme du bâtiment, la *variation locale* de l'aiguille aimantée, *son inclinaison* et *l'intensité* du magnétisme terrestre.

M. *Archibald Smith*, en Angleterre, a modifié les formules de Poisson, et, à l'aide de quelques hypothèses, a cherché à les rendre facilement applicables au calcul.

Cette méthode, qui doit donner les *différentes déviations* du compas relatives aux différents caps magnétiques du navire, exige la détermination de plusieurs constantes qui donnent lieu à des calculs encore un peu longs pour la pratique ; on peut donc craindre que cette méthode soit peu employée dans la marine. Du reste, elle est basée sur un trop grand nombre d'hypothèses pour que le marin puisse s'en servir avec confiance.

Puisque l'on ne peut trop savoir le mode de distribution du magnétisme dans les matières ferrugineuses du bâtiment; que l'on ne peut réellement définir, sur chaque navire, la *part* qui, à un moment donné, *doit être attribuée au magnétisme permanent et celle qui doit être attribuée au magnétisme induit ;* enfin, comme il n'est pas certain que le *magnétisme induit du navire,* comme le supposait Poisson, provienne *tout entier* de l'influence du magnétisme terrestre, il m'a semblé que le problème devait être attaqué d'une manière différente de celles à l'aide desquelles on a tenté de le résoudre ; et qu'il fallait chercher le moyen *d'obténir, à un moment donné,* quel que soit le cap du navire, la *déviation de l'aiguille relative à ce cap,* QUEL QUE SOIT AUSSI, A CE MOMENT, L'ÉTAT MAGNÉTIQUE DU BATIMENT.

C'est le but de l'instrument qui fait l'objet du présent travail.

Une *petite* aiguille aimantée, placée exactement au-dessus *d'une grande masse beaucoup plus considérable*, peut, à l'aide d'un pivot à crémaillère, être amenée à des élévations différentes au-dessus de la grande.

D'après les lois qui régissent les actions mutuelles de deux aiguilles aimantées, placées l'une au-dessus de l'autre, l'ANGLE que fait, *à une distance donnée, la petite aiguille avec la grande dépend* :

1° De l'intensité de cette grande aiguille par rapport à l'intensité horizontale du magnétisme terrestre dans le lieu ;

2° De l'action magnétique du navire sur la petite aiguille ;

3° *De la déviation de la grande aiguille.*

En déterminant donc l'angle des deux aiguilles pour *deux hauteurs* de la petite aiguille, on a deux quantités qui, introduites dans nos formules, permettent d'obtenir, à l'aide d'un très-petit calcul, la déviation de la grande aiguille.

Les Tables que nous avons construites et qui accompagnent l'instrument rendent suffisamment pratique l'usage de l'appareil, qui, par de nouvelles tables que nous nous proposons de construire, pourra acquérir une très-grande simplicité.

En Angleterre, M. *Walker* a eu, lui aussi, l'idée, il y a quelques années, de faire servir une petite aiguille, placée au-dessus d'une grande, à faire connaître les déviations de la grande. La petite aiguille devait, *à une hauteur facile à trouver et invariable, disait l'inventeur, faire toujours avec la grande aiguille l'angle que celle-ci faisait avec le méridien magnétique;* on n'avait donc qu'à lire l'angle des deux aiguilles pour obtenir *immédiatement* les déviations de la grande. Malheureusement ce résultat est complétement en contradiction avec les formules qui établissent les relations *qui existent entre les angles des deux aiguilles et la déviation de la grande.* Aussi, cet instrument, qui ne reposait sur aucune théorie mathématique, n'a-t-il été l'objet d'aucun examen sérieux.

D'après l'avis émis, en 1861, par le dépôt de la marine, un

compas de déviations a été construit sur mes indications, d'après les ordres du Ministre de la marine, et expérimenté sur le vaisseau cuirassé *le Magenta*, devant une commission qui a fait un rapport favorable. Comme le *Magenta*, malgré l'immense quantité de fer qu'il contient, s'est trouvé, par un hasard étrange, à n'avoir que des déviations peu importantes, le dépôt de la marine avait demandé de nouvelles expériences, qui, par des circonstances indépendantes de ma volonté, n'ont pu être exécutées jusqu'à présent.

ED. DUBOIS.

DÉVIATIONS DU COMPAS.

RÉSUMÉ HISTORIQUE.

I

Tout le monde sait que l'*aiguille aimantée* est sujette à une *déviation* du plan méridien, nommée *variation* ou *déclinaison* de l'aiguille ou du compas. Cette variation doit être connue à bord, d'une manière suffisamment exacte, pour pouvoir naviguer avec sécurité.

Christophe Colomb, en 1492, paraît être le premier qui se soit aperçu de la variation du compas. Mais, bien qu'à son *premier* retour en Espagne il eût l'intime conviction que l'aiguille aimantée n'indiquait pas d'une manière absolue la ligne nord et sud du monde, et, malgré la confirmation, par d'autres navigateurs, des remarques qu'il avait faites, il n'osa pas faire part de ses observations qui, à cette époque, auraient renversé des idées généralement admises.

Aussi, cinquante-trois ans après les remarques de *Colomb*, la variation de l'aiguille aimantée était encore considérée comme le résultat de mauvaises observations par la plupart des savants, et, entre autres, par *Pedro de Medina*, ainsi qu'il le dit dans son *Art du navigateur*, imprimé à Valladolid en 1545.

Ce n'est que dix ans plus tard, en 1555, que *Martin Cortez*, dans un *Traité de navigation* imprimé à Séville, parle de la *déviation* de l'aiguille aimantée comme d'un fait généralement constaté par l'expérience.

Dès qu'il fut reconnu que l'aiguille aimantée n'indiquait pas réellement le méridien du lieu, des observateurs entreprirent de déterminer la déclinaison de l'aiguille en différents points du globe.

Ces observations ne datent, d'une manière suivie, que de 1576, et semblent avoir pour point de départ les recherches d'un Anglais, nommé *Robert* NORMAN, *qui, le premier aussi, s'aperçut de l'inclinaison.*

Les résultats obtenus depuis cette époque ont montré :

1° Que la déclinaison de l'aiguille aimantée varie d'un lieu à l'autre, en général, et qu'elle acquiert quelquefois une très-grande valeur par les hautes latitudes ;

2° Que, dans le même lieu, la déclinaison est soumise à des oscillations *diurnes, mensuelles, annuelles* et *séculaires.*

Ainsi, depuis 1580 jusqu'à nos jours, la variation de l'aiguille, à Paris, a changé d'environ 33 degrés vers l'ouest.

Les oscillations annuelles, mensuelles et diurnes n'exercent aucune influence sur la route du bâtiment ; car ces déviations périodiques, qui n'ont été constatées qu'avec des boussoles d'une très-grande sensibilité et disposées pour ce genre d'observations, ne sont pas appréciables sur les compas de bord.

La nécessité de connaître, pour la conduite du bâtiment, une *variation* qui change avec *le lieu* et *avec le temps*, a amené l'invention du *calcul d'azimut*, qui permet d'obtenir d'une manière suffisamment exacte, pour les besoins de la navigation, la déclinaison de l'aiguille.

Mais l'on ne tarda pas à s'apercevoir que les déterminations de *la variation, faites en mer* par certains navigateurs, ne s'accordaient pas toujours avec celles faites par d'autres navigateurs à la même époque et à peu près dans le même lieu.

Beaucoup de marins observèrent ce que, d'après *Becquerel, Guillaume Denys*, professeur d'hydrographie à Dieppe, semble être le premier à avoir signalé, savoir : *que deux compas placés en différents points d'un navire ne donnent presque jamais la même indication.*

William Dampier signala le même fait en 1680, et *Wales*, l'astronome des voyages de *Cook*, fit la même remarque, car il dit, dans ses relations, que la *variation déterminée pour différents caps du navire n'est pas la même.*

Le premier qui paraisse s'être aperçu de la CAUSE de ce changement de variation, *selon les différents caps du navire,* est M. DOWINE, master sur le vaisseau *le Glorieux,* qui remarqua, en 1790, que la quantité et le voisinage du fer influaient sur l'aiguille. Mais c'est le capitaine *Flinders* (mort en 1814) qui, le premier, éveilla l'attention des marins d'une manière sérieuse sur l'influence des matières ferrugineuses du navire sur la direction des compas à bord. Il fit à bord de *H. M. S. Investigator* une série d'observations à la suite desquelles il crut pouvoir conclure qu'à bord de tout navire il existait un coefficient constant de déviation, et que le produit de ce coefficient par *l'inclinaison magnétique* dans un lieu donnait le *maximum de déviation* de l'aiguille dans ce lieu.

Sur le rapport du capitaine Flinders, les lords de l'Amirauté ordonnèrent, en 1812, de faire, à *Sheerness,* des expériences suivies sur les compas à bord des navires de Sa Majesté. Le résultat de ces expériences fut :

1° *Que le relèvement au compas d'un objet très-éloigné était différent lorsqu'il était pris de différents points du navire ;*

2° *Que le compas d'habitacle donnait de bons relèvements d'un objet éloigné quand le cap du navire était nord ou sud;*

3° *Que la plus grande erreur dans le relèvement existait quand le cap était à l'est ou à l'ouest.*

Ces expériences confirmèrent donc les remarques faites par le capitaine Flinders sur les caps du navire répondant aux déviations minima et maxima, mais indiquèrent aussi que la règle donnée par ce marin pour déduire de l'inclinaison du lieu la déviation maximum n'était rien moins que certaine, ce qui fut, du reste, parfaitement établi dans la suite par les capitaines *Ross* et *Parry.*

Depuis les observations de M. Flinders, presque tous les capitaines des navires de guerre des différentes puissances maritimes se sont aperçus, plus ou moins, de la *déviation* due aux fers du bâtiment. Et il est maintenant connu, de tout marin, qu'à chaque *cap* du navire correspond une *déviation particulière,* VARIABLE *avec les lieux,* et qui, le plus généralement, est *maximum* lorsque le navire a le cap à l'*est* ou à l'*ouest,* et *minimum* lorsque le navire a le cap au *nord* ou au *sud.*

Cette influence a pris, pour certains navires, des proportions considérables depuis l'introduction à bord de grandes quantités de pièces en fer telles que *lest, courbes, canons, chaînes, machine, coque, blindage, etc.....*

Cette influence est telle, que la perte de certains navires a certainement été déterminée par des déviations dont les capitaines n'avaient aucune conscience, et qui produisaient une *variation* extrêmement différente de celle marquée sur la carte ou obtenue lorsque le navire gouvernait à un autre cap.

Malgré tous les essais tentés jusqu'à présent, pour s'affranchir de l'influence des fers du navire, les compas sont encore loin de donner des résultats satisfaisants.

Avant de donner la description et l'usage de l'instrument qui fait l'objet du présent travail, nous allons passer rapidement en revue les moyens qui ont été proposés jusqu'à ce jour.

II

Les matières ferrugineuses du bord ont une tendance à devenir, soit *d'une manière passagère*, soit *d'une manière permanente*, des *centres magnétiques* qui agissent avec plus ou moins d'intensité sur l'aiguille aimantée.

Le *magnétisme permanent* provient des pièces de fer du navire qui agissent sur l'aiguille aimantée *par attraction*, c'est-à-dire simplement comme fer ou qui, par leur *mode* de confection, peuvent même avoir acquis la force *coercitive* et la *polarité*.

Le fer *martelé, tordu* ou *limé* acquiert la polarité magnétique. La coque d'un bâtiment en fer est, ainsi que cela a été constaté par l'expérience, *un grand aimant* dont la polarité dépend de l'orientation de la cale de construction. Ce magnétisme de construction finit avec le temps par se perdre.

Le *magnétisme passager* ou induit est dû à l'action de la Terre, considérée comme un *gros aimant*, sur le fer *aimanté* ou *non aimanté* du navire et dépend, par conséquent, de l'*intensité magnétique*, de l'*in-*

clinaison dans le lieu où se trouve le navire, et de la position des pièces *de fer qu'il contient par rapport aux pôles magnétiques du globe*.

On sait que, si l'on place un barreau de fer doux dans une direction parallèle ou à peu près parallèle à la direction de la ligne d'inclinaison magnétique du lieu, le barreau de fer acquiert une *polarité magnétique* qu'il perd en changeant de position.

On pensait autrefois que le *magnétisme induit*, qui est la CAUSE VARIABLE dans les modifications de la déclinaison de l'aiguille à bord, n'avait qu'une faible action par rapport à celle due au magnétisme *permanent*. On sait actuellement qu'il n'en est pas ainsi.

Sous l'action incessante du magnétisme terrestre, certaines pièces de fer acquièrent une polarité magnétique *variable* avec le cap, et même avec la *bande* ou l'*inclinaison du navire*.

L'expérience a, en effet, démontré que la bande que donne un navire, soit par l'action du vent, soit par une autre cause, modifie les déviations de son compas. Ces modifications ont été de 14 à 16 degrés pour des navires auxquels on donnait 10 degrés de bande. Quant au sens dans lequel cette modification a lieu, on croit avoir trouvé qu'elle dépend de l'orientation de la cale sur laquelle le navire a été construit, et qu'elle produit des effets différents, selon la latitude magnétique du lieu où se trouve le navire.

Tous les centres magnétiques du bâtiment à la mer, par leur variation continuelle de position et d'intensité, déterminent donc sur l'aiguille aimantée des forces plus ou moins variables de sens et d'intensité qui, à un moment donné, se réduisent à une *force unique*, annulée par la résistance *du pivot* que supporte l'aiguille, et à un *couple unique*.

La direction de cette *force résultante*, malgré les oscillations continuelles de certaines de ses composantes sous l'action du mouvement de rotation du bâtiment, s'écarte peu, *en général*, du *plan longitudinal* du navire (tout en variant cependant de position à l'égard de ce plan), et cela en raison de la symétrie qui existe à bord d'un navire relativement à toutes les pièces de fer qu'il contient.

On peut donc supposer que tous *ces centres magnétiques* font, à un instant, le même effet qu'*un seul* centre magnétique résultant situé le plus généralement vers la partie centrale du bâtiment, mais variant de position à l'égard de ce plan, quand le navire fait un tour sur lui-même. On comprend alors pourquoi, lorsque le navire a le cap au

Nord ou au *Sud*, la *déviation* de l'aiguille aimantée est, *en général, minimum.*

On voit, en effet, que si N S (fig. 1) est la position de l'aiguille aimantée, dans le plan du méridien magnétique M M', lorsque le navire a le cap au Nord ou au Sud, c'est-à-dire lorsque son plan longitudinal est *dans le plan du méridien magnétique*, le centre magnétique résultant C, en agissant sur le pôle de l'aiguille N S donne lieu à un couple n'ayant qu'une faible intensité, puisque la force de ce couple n'est que la composante *normale* à N S, de la force magnétique agissant suivant les directions C N et N S.

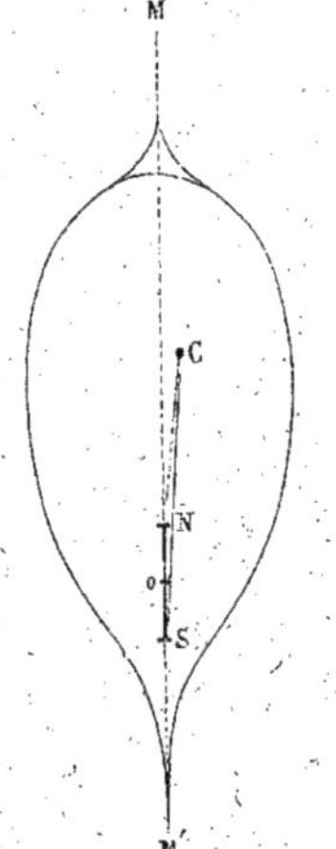

Fig. 1.

Lorsque, au contraire, le navire a le cap à l'Est ou à l'Ouest, le centre magnétique résultant C' (fig. 2), s'écartant encore peu du plan longitudinal, donne lieu à un couple ayant une bien plus grande intensité, puisque les *actions* C' N et C' S du centre magnétique sur les pôles de l'aiguille sont presque *normales* à la direction de cette aiguille.

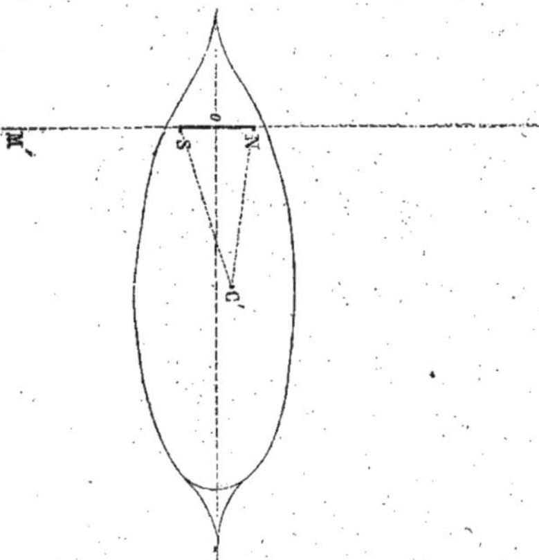

Fig. 2.

On voit, d'après cela, pourquoi la déclinaison de l'aiguille doit varier avec le cap du navire, et aussi pourquoi les déviations doivent le plus généralement être maximum quand le navire a le cap vers l'Est ou vers l'Ouest, et minimum quand le navire a le cap vers le Nord ou le Sud.

III

Jusqu'à présent les moyens proposés pour combattre ou déterminer les déviations produites par les matières ferrugineuses du navire sont :

1° *Le plateau correcteur de Barlow;*

2° *Les compensateurs de M. Airy;*

3° *Les formules analytiques de Poisson,* modifiées par *M. Archibald Smith.*

Examinons rapidement ces trois méthodes.

1° *Du plateau correcteur de Barlow.* — A une petite distance de la boussole *b* (fig. 3), est placée *une plaque de fer doux* P, composée, en réalité, de *deux plaques de fer épaisses* séparées par un disque de bois de même diamètre et visées l'une à l'autre. Ces plaques sont traversées par un axe en *cuivre* horizontal *aa'*, qui peut s'élever ou s'abaisser au moyen de la pièce en bois *c* qui glisse à frottement dans la fenêtre *dd'*. La boîte *k k'* pouvant, en

Fig. 3.

outre, avoir un mouvement de rotation autour de son axe, on comprend que l'on peut placer le plateau P à une *hauteur*, à une *distance* et dans une *direction* quelconques par rapport à l'aiguille aimantée.

Voici le moyen indiqué par M. Barlow pour se servir du plateau :

On détermine à bord, sans que le plateau y soit, ou du moins sans qu'il soit près de l'aiguille, *les déviations de l'aiguille aimantée pour les différents caps du bâtiment.* On porte le compas à terre avec la boîte *k k'* et la plaque, et l'on détermine, par tâtonnements, la position que doit avoir le plateau pour que, en faisant tourner la boîte *k k'*, le disque produise sur le compas, soit des *déviations égales* et de même sens *à celles* existant à bord pour les différents caps, soit des *déviations égales* et de signes contraires. De telle sorte que le plateau placé à bord dans cette position, relativement à l'aiguille, doit *doubler* ou *annuler les déviations*.

Disons tout de suite que cette position du plateau était presque impossible à réaliser, et qu'il restait toujours des différences notables entre le tableau des *déviations* de l'aiguille, dues aux matières ferrugineuses du bord, et celui des déviations *dues à la plaque*.

M. Barlow admettait que le *centre magnétique résultant*, dont nous avons parlé, conserve dans le navire *la même position, quel que soit le cap du navire*, et quelle que soit sa latitude magnétique; il admettait, en outre, que le *magnétisme* induit faisait varier *de la même manière* l'intensité de ce *centre* magnétique et l'intensité du magnétisme développé par la *plaque*.

Toutes ces hypothèses ont été détruites par les nombreuses études que l'on a faites sur les compas depuis plusieurs années; aussi le plateau correcteur de M. Barlow, avec lequel il n'a jamais été possible de *neutraliser* d'une manière suffisante le magnétisme du navire, en un lieu donné, a-t-il été abandonné, *même en Angleterre.*

Compensateurs de M. Airy. — M. Airy, astronome royal d'Angleterre, a commencé, en 1838, de longues études sur les déviations produites sur la boussole par les matières ferrugineuses du navire.

Il a, le premier, déterminé la direction dans laquelle est situé, à bord d'un navire, le *centre magnétique résultant*, et il a donné le moyen de trouver *l'intensité magnétique de ce centre* en prenant pour unité l'intensité magnétique horizontale du globe dans le lieu considéré.

Soient N S (fig. 4) la direction du *méridien magnétique* dans le lieu, *s o n* la direction de l'aiguille à bord, et C' o C la direction de l'axe longitudinal du navire à un moment donné.

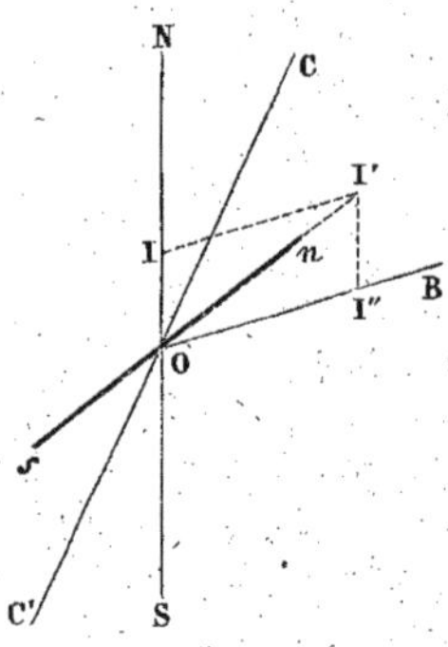

Fig. 4.

Posons :

Non = δ, *déviation pour le cap* ;

CoN = C, angle azimutal de l'axe du navire, compté du *Nord* vers l'Est magnétique.

L'aiguille prend la direction son, parce qu'elle est sous l'influence du magnétisme local dirigé suivant oN, et du magnétisme du bord dirigé suivant oB.

Appelons I l'intensité du magnétisme local, I″ l'intensité du magnétisme *résultant* à bord du navire, et I′ l'intensité de la résultante de ces deux actions.

C'est sous l'influence de I′ que l'aiguille prend la direction son de la diagonale du parallélogramme IoI″I′ construit sur les deux grandeurs oI = I, et oI″ = I″.

Pour déterminer I″, M. Airy a observé le temps qu'une aiguille aimantée horizontale suspendue à un fil de soie *sans torsion* mettait pour faire le MÊME nombre d'oscillations *à bord*, au point o, c'est-à-dire à l'endroit même occupé par l'aiguille, et *à terre*.

Soient t et t' ces nombres de secondes déterminés à terre et à bord. M. Airy a admis qu'on avait

$$\frac{I'}{I} = \frac{t^2}{t'^2}$$

ou en prenant I pour unité, c'est-à-dire en rapportant l'intensité magnétique résultante du bâtiment à la composante horizontale du magnétisme terrestre dans le lieu considéré

$$I' = \frac{t^2}{t'^2}.$$

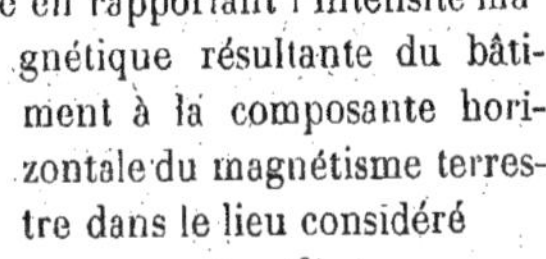

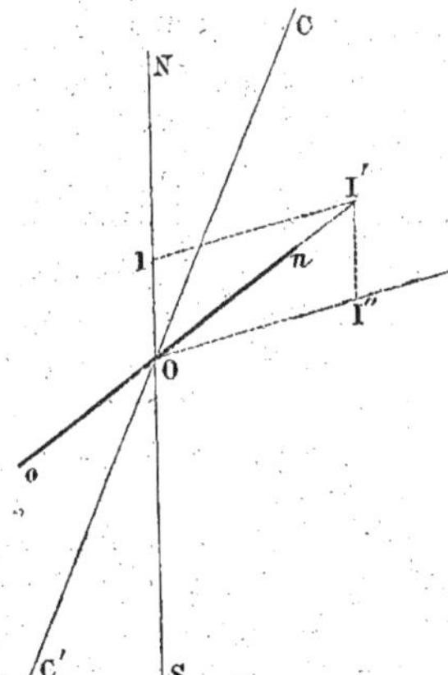

Fig. 5.

Il a déterminé de cette manière la valeur de I′ pour un certain nombre de caps du navire, ainsi que les déviations δ.

Il est facile ensuite d'obtenir la position et l'intensité de la force perturbatrice I″ pour ces différents caps.

Nommons α l'angle N o I″ (fig. 5), que fait, à un cap donné, la *force perturbatrice* I'' avec le méridien magnétique $O\,N$ du lieu, et appelons toujours δ la déviation $N\,On$ relative à ce cap. On a, dans le triangle $O\,I\,I'$,

$$\frac{I}{I'} = \frac{\sin(\alpha - \delta)}{\sin \alpha},$$

ou, en faisant $I = 1$,

$$I' \sin(\alpha - \delta) = \sin \alpha.$$

On déduit de là l'expression

$$(1) \qquad \operatorname{tang} \alpha = \frac{I' \sin \delta}{I' \cos \delta - 1},$$

qui donne la valeur de α.

On a ensuite, dans le même triangle,

$$(2) \qquad I'' = \frac{I' \sin \delta}{\sin \alpha}.$$

En appliquant ces formules aux observations faites par M. Airy sur l'IRONSIDES, on peut dresser le tableau suivant :

CAPS DU NAVIRE.	DÉVIATIONS DU COMPAS VERS L'EST.	INTENSITÉ I' d'après M. Airy.	ANGLE α que fait la force perturbatrice avec le méridien magnétique.	ANGLE β que fait la force perturbatrice avec l'axe du navire.	INTENSITÉ de la force perturbatrice I'' considérée comme répulsive.
N. 9° 50′ Est.	+ 28° 20	0,551	— 26° 52′ 30″	— 36° 42′ 30″	0,577
23 00	+ 22 30	0,487	— 18 41	— 41 41	0,581
32 35	+ 11 20	0,425	— 8 05	— 40 40	0,590
47 40	— 6 40	0,413	+ 4 40	— 43 00	0,590
58 55	— 16 50	0,454	+ 13 03	— 45 25	0,580
78 40	— 28 50	0,579	+ 30 30	— 48 10	0,550
89 00	— 35 00	0,729	+ 46 03	— 42 57	0,581
S. 68° 00 Est.	— 27 10	0,910	+ 65 27	— 46 33	0,457
29 00	— 25 30	1,176	+ 96 59	— 54 01	0,510
8 10	— 16 00	1,294	+124 21	— 43 29	0,432
S. 4° 55 O.	— 10 55	1,378	+143 31	— 41 24	0,439
31 30	+ 0 40	1,431	+177 45	— 29 15	0,433
53 30	+ 6 20	1,427	—159 28	— 32 58	0,448
70 35	+ 11 50	1,376	—140 54	— 30 35	0,447
N. 80° 25′ O.	+ 20 20	1,250	—111 37	— 31 12	0,467
55 40	+ 25 20	1,068	— 85 37	— 29 57	0,458
26 50	+ 30 30	0,865	— 61 50	— 35 00	0,498
9 10	+ 29 20	0,685	— 41 27	— 32 17	0,538

mules suivantes, relatives aux composantes de la force perturbatrice due au magnétisme induit :

$$\text{Composante vers le Nord} = - M + P \cos 2\zeta + N \tan\theta \cos\zeta$$
$$\text{Id. vers l'Est} = P \sin 2\zeta + N \tan\theta \sin\zeta.$$
$$\text{Composante vers l'avant} = N \tan\theta + (P - M) \cos\zeta$$
$$\text{Id. vers tribord} = (P + M) \sin\zeta.$$

M, N et P sont des constantes que l'on détermine par l'observation; θ est l'inclinaison dans le lieu, et ζ est l'azimut magnétique de l'avant du bâtiment, compté du Nord vers l'Est.

D'après *ses hypothèses*, M. Airy trouva donc que le magnétisme induit du navire donnait lieu à *une force perpendiculaire* à la direction de l'aiguille aimantée (la composante vers l'Est) devant principalement modifier les déviations de l'aiguille, et qui se composait de deux parties ou deux termes :

1° Le terme

$$N \tan\theta \sin\zeta,$$

variant avec la latitude magnétique, et qu'il nomma

Force magnétique polaire;

2° Et le terme

$$P \sin 2\zeta$$

indépendant de la latitude magnétique du navire, et qu'il nomma

Force magnétique quadrantale.

Il *décomposa les déviations de l'aiguille dues* à la composante Est du magnétisme d'induction du navire en deux parties :

1° Celle provenant de la *force polaire*, qu'il nomma

Déviation semi-circulaire;

2° Et celle provenant de *la force quadrantale*, qu'il nomma

Déviation quadrantale.

Pour tenir compte de l'ensemble du magnétisme permanent et du magnétisme induit, M. Airy *fit une nouvelle hypothèse;* il admit que le *magnétisme permanent* du bâtiment ne *modifiait en rien le magnétisme d'induction;* et alors, en désignant par A et T les composantes vers l'*avant* et vers *tribord* du magnétisme *permanent*, il *admit* que les *composantes* totales des forces magnétiques agissant sur l'aiguille étaient données par les relations suivantes :

(1) Composante totale vers l'avant $= A + N \tan\theta + (P - M)\cos\zeta$

(2)   Id.   vers tribord $= T + (M + P)\sin\zeta$.

C'est en se guidant sur ces formules que M. Airy a cru pouvoir détruire l'action du fer du bâtiment sur l'aiguille aimantée, à l'aide de *barreaux aimantés* et d'une *masse de fer*.

Si l'on met le cap du navire au Nord *magnétique*, la composante totale vers l'avant (formule 1) ne produit *aucune* déviation ; donc, s'il en existe une, elle n'est produite que par la composante totale vers tribord (formule 2). Mais, comme dans ce cas on a $\zeta = o$, cette dernière est égale à T; donc la déviation apparente est celle due à la *composante vers tribord* du *magnétisme permanent*.

M. Airy a pensé qu'en plaçant à bord un barreau aimanté, non loin du compas, de manière que son centre C (fig. 6) fût situé sur *une parallèle* à la quille menée par le centre du compas, et *perpendiculairement* à cette parallèle, on pouvait, en approchant convenablement ce barreau de l'aiguille, faire que l'aiguille aimantée indiquât exactement le Nord magnétique, et *corriger ainsi l'effet de la composante* T *du magnétisme permanent*.

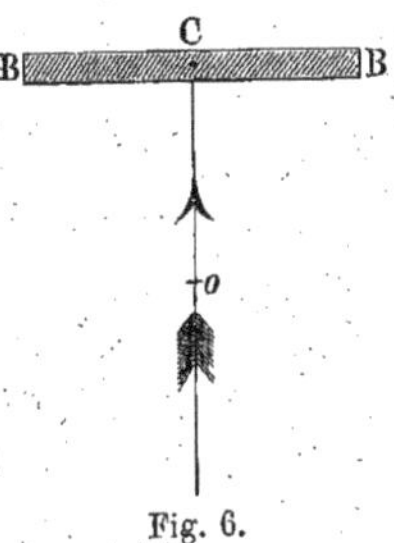

Fig. 6.

manent.

Si, au contraire, on met le cap du bâtiment à l'Est, *la composante totale vers tribord ne produit aucune déviation,* et celle qui existe est due à la *composante vers l'avant* (formule 1), qui, dans ce cas, à cause de $\zeta = 90°$, se réduit à

$$A + N \tan\theta.$$

En plaçant donc un barreau aimanté dans le sens de la quille et à une distance convenable, M. Airy a pensé que l'on pourrait détruire la déviation due au terme

$$A + N \tan\theta.$$

Ainsi, le *magnétisme permanent*, dont les composantes vers l'avant et vers tribord sont A et T, et la partie *permanente* N tang θ du magnétisme d'*induction* seraient corrigés à l'aide de ces *deux barreaux aimantés*.

M. Airy admet, d'après cela, que, une fois les barreaux en place, les composantes totales se réduisent :

Celle de l'avant au terme $(P - M) \cos \zeta$,
Celle de tribord. . . . . . $(M + P) \sin \zeta$.

Pour corriger l'effet de ces deux forces, M. Airy place, devant ou derrière le compas, une masse de fer ayant son centre au même niveau que le compas, et à une distance telle que le compas pointe exactement lorsque le cap est à 45° du méridien magnétique.

Par des considérations analytiques qui résultent, et de sa théorie, et de ses hypothèses, M. Airy pense que, ainsi placée, cette masse de fer doit détruire l'effet de la *force quadrantale*

$$P . \sin 2 \zeta$$

qui, seule des deux composantes, *Nord* et *Est*, de la force perturbatrice due au magnétisme induit du bâtiment, peut produire une déviation de l'aiguille aimantée.

Il est facile de voir que la méthode de correction des compas que nous venons d'indiquer n'est malheureusement pas sûre.

D'abord, les formules qui servent de base au mode de correction n'ont été obtenues qu'à l'aide d'hypothèses *sur la distribution du magnétisme dans les masses ferrugineuses du bâtiment,* hypothèses qui peuvent bien ne pas s'accorder avec ce qui se passe en réalité.

De plus, M. Airy n'a pas tenu compte, dans ses calculs, *de l'influence mutuelle des particules de fer aimantées par l'action du globe,* ni *de la composante verticale de l'action de la Terre.* Et il a admis *implicitement* que la masse de fer placée près du compas, suit dans *ses actions magnétiques sur l'aiguille les mêmes variations que tout le magnétisme induit du bord.*

Il a aussi attribué une part trop faible au terme N tang θ variable avec la latitude *magnétique;* aussi, *le barreau aimanté,* placé parallèlement à la quille, et qui dans un lieu détruit l'effet de la force N tang θ, peut devenir *une grande source d'erreurs* quand θ change de signe. C'est ce qui est arrivé à beaucoup de navires qui sont allés dans l'hémisphère sud avec des compas corrigés au moyen des barreaux aimantés de M. Airy.

Ainsi, on cite les navires anglais *le Bosphorus, le Propontis, l'Evangeline, l'Harvest-home*, etc., sur lesquels les *aimants* correcteurs ont produit des déviations *considérables* quand ces navires se sont trouvés dans l'hémisphère *opposé* à celui où la correction avait été effectuée. *L'Harvest-home*, corrigé en Angleterre avec beaucoup de soin, a donné des erreurs de 86° lorsqu'il a été par une latitude de 39° sud; *le Bosphorus* avait au cap de Bonne-Espérance des déviations de 40°, et *l'Evangeline* a donné des déviations de 60° quand ce navire s'est trouvé par 40° de latitude sud et 34° 20' longitude ouest.

Et ce qui montre bien que c'est le terme N tang θ qui a produit ces énormes différences, c'est qu'à leur retour en Angleterre ces navires ont retrouvé les mêmes états magnétiques qu'à leur départ de ce lieu.

On en cite cependant qui n'ont même pas retrouvé, en revenant au port où la correction *Airy* avait été faite, les déviations qu'ils avaient en partant.

On peut donc dire que l'application du procédé de M. Airy ne convient tout au plus qu'aux bâtiments qui restent dans les mêmes parages.

Et il est même bon de remarquer, à ce sujet, que des phénomènes météorologiques, des chocs et des mouvements exagérés dus à l'action des lames sur le navire peuvent même, *dans les mêmes parages*, produire des perturbations dans les corrections.

Enfin il faut encore ajouter que, si les compensateurs de M. Airy diminuent les déviations quand un navire ne quitte pas certaines latitudes, des déviations plus petites existent toujours, et qu'il est nécessaire de faire une *table de déviations* pour les différents caps du bâtiment.

IV

FORMULES ANALYTIQUES DE POISSON.

Formules analytiques de Poisson. — L'illustre Poisson a donné, en 1841 (*Addition de la connaissance des temps*), des formules à l'aide desquelles on peut, par suite de certaines hypothèses, trouver directement *l'inclinaison* et *la déclinaison de l'aiguille aimantée* pour un cap quelconque du navire en un lieu quelconque du globe, au moyen de *constantes* déterminées à bord par l'observation.

En imaginant trois axes rectangulaires passant par le centre de gravité et de suspension de l'aiguille aimantée à bord, l'un dirigé parallèlement à l'axe longitudinal du navire de l'avant à l'arrière, l'autre parallèlement à l'axe latitudinal, et enfin le troisième vertical, Poisson a considéré les composantes, suivant ces trois axes, des actions magnétiques agissant sur l'aiguille.

Ces actions sont :

1° Celle due au magnétisme du globe ;

2° Celle due au magnétisme *induit* du bâtiment ;

3° Celle due au magnétisme *permanent* du bâtiment.

En désignant par α, $\mathfrak{C}$, γ les trois composantes de la première, par X, Y, Z les trois composantes de la seconde, et par P, Q, R les trois composantes de la troisième, on a évidemment pour les actions combinées du fer et du globe sur l'aiguille aimantée :

$$(1) \begin{cases} x = \alpha + \mathrm{X} + \mathrm{P} \\ y = \mathfrak{C} + \mathrm{Y} + \mathrm{Q} \\ z = \gamma + \mathrm{Z} + \mathrm{R}. \end{cases}$$

Poisson *a admis que le magnétisme induit du navire provenait tout entier de l'influence du magnétisme terrestre*, et il a fait voir, dans les tomes VI et VII des *Mémoires de l'Académie des sciences*, que, dans cette hypothèse, le magnétisme d'induction était proportionnel à l'intensité de la force inductrice. Il a, par suite, écrit

$$X = A\,\alpha + B\,\varsigma + C\,\gamma$$
$$Y = D\,\alpha + E\,\varsigma + F\,\gamma$$
$$Z = G\,\alpha + H\,\varsigma + K\,\gamma$$

et les relations (1) sont devenues

$$(2) \begin{cases} x = (A + 1)\,\alpha + B\,\varsigma + C\,\gamma + P \\ y = D\alpha + (E + 1)\,\varsigma + F\,\gamma + Q \\ z = G\alpha + H\,\varsigma + (K + 1)\,\gamma + R. \end{cases}$$

Si l'on désigne ensuite par φ' la résultante totale des trois actions magnétiques, par θ' l'inclinaison qui en résulte pour l'aiguille, et par ζ' l'angle de l'axe du navire avec la direction de l'aiguille aimantée à bord, on aura les trois relations

$$(3) \begin{cases} x = \varphi' \cos\theta' \cos\zeta' \\ y = -\,\varphi' \cos\theta' \sin\zeta' \\ z = \varphi' \sin\theta'. \end{cases}$$

Si maintenant nous désignons par φ, θ et ζ les valeurs que prendraient φ', θ' et ζ' si le fer du navire n'existait pas, on devra avoir les trois équations

$$(4) \begin{cases} \alpha = \varphi \cos\theta \cos\zeta \\ \varsigma = -\,\varphi \cos\theta \sin\zeta \\ \gamma = \varphi \sin\theta. \end{cases}$$

Les relations (2), (3) et (4) constituent l'ensemble des équations fondamentáles de Poisson. Elles conduisent aux trois relations

$$\varphi' \cos\theta' \cos\zeta' = \varphi \cos\theta\,(A + 1)\cos\zeta - \varphi \cos\theta\,B\sin\zeta + C\varphi\sin\theta + P$$
$$-\,\varphi' \cos\theta' \sin\zeta' = D\varphi \cos\theta \cos\zeta - \varphi \cos\theta\,(E + 1)\sin\zeta + F\varphi\sin\theta + Q$$
$$\varphi' \sin\theta' = G\,\varphi \cos\theta \cos\zeta - \varphi \cos\theta\,H\sin\zeta + (K + 1)\,\varphi\sin\theta + R.$$

Comme ces équations donnent lieu à des calculs très-compliqués, elles n'avaient pu jusqu'à présent être employées pour les besoins de la navigation; M. Archibald Smith, en Angleterre, les a transformées.

2

En posant $\varphi \cos \theta = H$, $\varphi' \cos \theta' = H'$ et aussi

$$\frac{A + E}{2} + 1 = \lambda$$

$$\frac{A - E}{2} = \lambda\, D'$$

$$C \operatorname{tang} \theta + \frac{P}{H} = \lambda\, B'$$

$$\frac{D - B}{2} = \lambda\, A'$$

$$\frac{D + B}{2} = \lambda\, E'$$

$$F \operatorname{tang} \theta + \frac{Q}{H} = \lambda\, C',$$

M. Smith est arrivé aux deux relations

(1) $\dfrac{H'}{\lambda H} \cos (\zeta - \zeta') = 1 + B' \cos \zeta - C' \sin \zeta + D' \cos 2\zeta - E' \sin 2\zeta$

(2) $\dfrac{H'}{\lambda H} \sin (\zeta - \zeta') = A' + B' \sin \zeta + C' \cos \zeta + D' \sin 2\zeta + E' \cos 2\zeta$

En remarquant que $\zeta - \zeta' = \delta$, *déviation de l'aiguille aimantée*, on a, en divisant (2) par (1),

$$(3) \quad \operatorname{Tang} \delta = \frac{A' + B' \sin \zeta + C' \cos \zeta + D' \sin 2\zeta + E' \cos 2\zeta}{1 + B' \cos \zeta - C' \sin \zeta + D' \cos 2\zeta - E' \sin 2\zeta}$$

qui donne la déviation δ en fonction du *cap réel du navire* ζ.

Ou

$$\frac{\sin \delta}{\cos \delta} = \frac{A' + B' \sin \zeta + C' \cos \zeta + D' \sin 2\zeta + E' \cos 2\zeta}{1 + B' \cos \zeta - C' \sin \zeta + D' \cos 2\zeta - E' \sin 2\zeta}$$

d'où l'on déduit, en remarquant que $\zeta' = \zeta - \delta$,

$$(4)\ \sin \delta = A' \cos \delta + B' \sin \zeta' + C' \cos \zeta' + D' \sin (2\zeta' + \delta) + E' \cos (2\zeta' + \delta),$$

équation qui établit la relation qui existe entre la déviation δ et le cap ζ' indiqué par le compas.

Telles sont les relations à l'aide desquelles M. Smith a pensé que l'on pouvait obtenir la déviation δ.

Faisons immédiatement remarquer que les coefficients

$$B' \text{ et } C'$$

sont VARIABLES avec la latitude *magnétique* du navire, et dépendent de *l'état magnétique permanent* du bâtiment qui peut *subir des altérations*.

Pour pouvoir employer la formule (4), il faut d'abord déterminer les coefficients

$$A', \; B', \; C', \; D', \; E'$$

ce qui exige la connaissance de cinq déviations pour cinq caps différents du bâtiment.

On en déduit cinq équations à cinq inconnues, dont la détermination donne lieu à des calculs assez compliqués.

Mais M. Smith a pensé que, si la déviation δ ne dépassait pas 22° 30', on pouvait la mettre sous la forme plus simple

$$(5) \qquad \delta = a + b \sin \zeta' + c \cos \zeta' + d \sin 2\zeta' + e \cos 2\zeta'$$

qui réduit les calculs.

Toutefois, ainsi transformée, la détermination des cinq constantes

$$a, \; b, \; c, \; d, \; e$$

exige encore des calculs assez longs si l'on veut appliquer la méthode des moindres carrés aux trente deux équations que l'on obtient en déterminant δ pour les trente-deux caps du bâtiment.

Les coefficients b et c sont encore ici variables avec la *latitude magnétique* du navire et avec l'état plus ou moins persistant du magnétisme permanent. A la suite de nombreuses observations faites en Angleterre, on a cru remarquer que sur les *navires en bois* la valeur des coefficients b et c éprouve des changements plus considérables que sur les *navires en fer,* lorsque le bâtiment change de latitude magnétique.

Pour les besoins de la navigation on peut réduire à **16** ou à **8** les déterminations de δ.

M. Smith, ayant même trouvé que le coefficient e était *toujours très-petit,* a réduit le nombre des constantes à quatre; ce qui n'exige plus, à la rigueur, que quatre déviations que l'on détermine pour le N. E., le S. E., le S. O. et le N. O.

Dans un port il est facile de connaître, par l'observation, les déviations du compas pour les différents caps magnétiques du bâtiment, mais à la mer, où l'on ne connaît pas la position du méridien magnétique, on ne peut employer que la formule (3) qui donne la déviation en fonction du cap réel du navire.

La formule (4) a été appliquée, en France, sur quelques navires, et entre autres sur la *Floride,* à *Saint-Nazaire.* Au moyen de l'observation de 32 déviations obtenues à 32 caps, on a trouvé pour les coefficients les nombres suivants :

$$\delta = (-0°58') + (21°55') \sin \zeta' + (3°4') \cos \zeta'$$
$$+ (5°10') \sin 2\zeta' - (0°24') \cos \zeta'.$$

Les déterminations faites avec 16, 8, ou même 4 caps, ont donné des nombres peu différents, au point de vue des besoins de la navigation. Toutefois, dans son cours de régulation de compas, M. Darondeau fait remarquer que l'emploi de quatre observations ne serait pas suffisant dans le cas où les déviations présenteraient de grandes irrégularités.

Nous devons faire remarquer que le *coefficient variable* b *a une grande valeur ;* sur certains navires le coefficient d, qui pour la *Floride* n'est que de 5° 10', a été trouvé égal à 11° ou 12°.

Quand la déviation δ n'est pas suffisamment petite pour pouvoir permettre d'employer la formule (5), ce qui arrive souvent, il faut avoir recours à la formule (4).

Alors la détermination des coefficients A', B', C', D', E' donne lieu à des calculs *longs et compliqués.* M. Smith a cherché à déduire ces coefficients de ceux a, b, c, d, e obtenus à l'aide de la formule approximative (5), — ce qui réduit un peu les calculs qui sont encore très-longs, malgré *les tables calculées pour simplifier ces opérations.* On calcule ensuite la déviation pour un cap réel ζ à l'aide de la formule (3).

Il est bon de faire remarquer qu'*à la mer* le cap réel ζ n'est pas connu, et, par suite, la détermination de δ pour un cap magnétique ζ' ne peut se faire qu'approximativement.

La formule (5) se prête à quelques simplifications quand on a pu observer la déviation dans deux points cardinaux *adjacents* et dans l'aire de vent à 45° de ceux-ci, surtout si l'on suppose, comme le fait M. Smith, que, lorsque le navire est droit et que le compas *est placé dans le plan longitudinal du navire*, on *puisse négliger les coeffi-cients* A' et E'. On peut ainsi obtenir la déviation à 2° près. Mais quand, en mer, on a besoin de calculer les coefficients B', C', D', ce qui est le cas quand on change de latitude magnétique, il est impor-tant de faire remarquer que les trois *déviations observées*, dont on a besoin *pour ce calcul*, ne peuvent pas être *exactement obtenues*, *puisque rien n'indique la position du méridien magnétique du lieu où l'on se trouve*. On ne peut, en effet, pour obtenir ses déviations, se servir que de la variation indiquée sur la carte, variation qui peut très-bien ne pas être exacte; à moins de prendre pour variation *locale* la *moyenne des variations apparentes* observées dans des *aires de vent également espacées suivant le compas*; encore faut-il, pour cela, que l'on soit sûr que le coefficient *a* a une valeur insignifiante, car, si *a* avait une valeur de près de 1°, il faudrait retrancher cette valeur de *a* de la moyenne des variations apparentes.

Nous voyons donc finalement : 1° que les formules de M. *Archibald Smith* reposent sur les *mêmes hypothèses* que celles admises dans les formules de Poisson ; 2° que le calcul des *coefficients* donne lieu, en général, à des calculs assez longs, et à la mer, exige de grandes pré-cautions, *et que la déclinaison du lieu soit connue* ; que ces calculs doivent être refaits, au moins pour les constantes B' et C', quand le navire change de latitude magnétique ; et, enfin, que pour la *dévia-tion relative* à chaque cap on a encore un calcul *à faire*.

Je ne terminerai pas ce rapide exposé des moyens indiqués jusqu'à ce jour pour connaître ou corriger les déviations des compas marins sans parler du moyen proposé par M. Faye.

Voici comment le *savant astronome* décrit lui-même son appareil :

« Il s'agit de remplacer le loch par une poutrelle assez longue, « amincie par les bouts, lestée d'une masse de plomb, et portant vers « son milieu une boussole suspendue comme à l'ordinaire, mais fer-« mée hermétiquement.

« Au lieu de jeter le loch dans le seul but de déterminer la *vitesse* « du navire, on le jetterait pour avoir à la fois la vitesse et la direc-« tion. Dans la première partie de la manœuvre on forcerait le nou-« veau bateau de loch à se placer perpendiculairement au sillage à « l'aide du système habituel de cordes attachées aux deux extrémités « et réunies un peu plus loin par une chevillette. Dans la deuxième « partie on fait tomber cette cheville en imprimant une secousse à la « corde ; mais, au lieu de ramener le loch, il faudra procéder de la

« manière suivante : on cessera de filer de la corde et on la fixera au
« navire ; dès lors le loch, forcé d'en suivre la marche, s'orientera
« dans sa direction hors de la portée de l'action perturbatrice. Si, à ce
« moment, on parvenait à fixer l'aiguille du compas placé sur le loch
« de la même manière qu'on fixe celle de la boussole d'arpenteur à
« l'aide d'un petit levier intérieur, on n'aurait plus qu'à ramener
« l'appareil à bord pour lire sur l'instrument l'angle de l'aiguille non
« influencée avec l'axe du loch, c'est-à-dire avec la route actuelle du
« navire. Je crois, ajoute M. Faye, qu'on en viendrait à bout aisé-
« ment par la simple répétition du mouvement brusque qui sert à
« faire tomber la chevillette du loch ordinaire, car il suffirait de
« joindre à la corde de halage une seconde corde dont l'extrémité
« agirait par détente sur le levier de l'aiguille. Ce levier, en s'élevant
« tout à coup, fixerait l'aiguille contre la paroi supérieure de la boîte
« sans troubler sa direction. »

Ce moyen, très-ingénieux et très-simple, ne pourrait servir que si
le bâtiment naviguait sur des eaux *parfaitement calmes* ; mais, à la
mer, l'agitation des eaux ne permettrait pas d'obtenir une direction,
même approchée, du méridien magnétique, et cela pour deux raisons :

1° Parce que cette agitation empêcherait le *parallélisme* de *l'axe* du
navire et de *l'axe de la poutre* contenant *la boussole* ;

2° Parce que cette même agitation provoquerait, dans l'aiguille
même avec le *moindre clapotis*, des oscillations *extraordinaires* à
droite et à gauche du méridien magnétique.

DU COMPAS DE DÉVIATIONS.

I

THÉORIE.

L'instrument a pour but de trouver, à un moment donné, QUEL QUE SOIT L'ÉTAT MAGNÉTIQUE DES MATIÈRES FERRUGINEUSES DU BATIMENT, *la déviation* de *l'aiguille aimantée*, pour le cap auquel gouverne le navire.

Le compas *de déviations*, A DOUBLE AIGUILLE, est basé sur les actions magnétiques qu'une GRANDE AIGUILLE, le *magnétisme terrestre*, et toutes les matières *ferrugineuses* du navire, développent, à *un moment donné*, sur une PETITE AIGUILLE, placée exactement au-dessus de la grande, à *une très-faible distance.*

Soit *n s* (fig. 7) une petite aiguille placée sur un pivot *p* dirigé exactement suivant l'axe du pivot P qui soutient une grande aiguille N S.

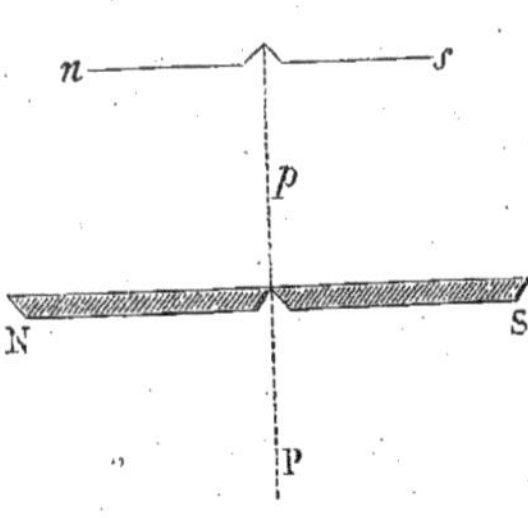

Fig. 7.

Les deux aiguilles sont construites de manière à *rester horizontales.*

Au moment où la petite aiguille est en *équilibre*, elle est soumise :

1° *A l'action du magnétisme terrestre* ;

2° *A l'action des pôles de la grande aiguille* ;

3° *A l'action développée sur elle par toutes les matières ferrugineuses du navire, magnétisme, pour ainsi dire,* CONSTAMMENT VARIABLE, *mais qui a une valeur déterminée quand le navire reste au même cap.*

Considérons successivement ces *trois actions*; mais, auparavant, indiquons les faits suivants qui résultent d'expériences faciles à faire avec le compas.

Si l'on enlève la grande aiguille et si le compas est placé à terre, loin de toute action magnétique accidentelle, *la petite aiguille prend exactement la direction du méridien magnétique du lieu.*

Si, le compas étant toujours à terre, on replace la *grande aiguille* sur son pivot et qu'*on maintienne* cette grande aiguille *exactement* dans le méridien magnétique, la petite aiguille restera encore dans le méridien magnétique, sans changer de pôles, *si elle est suffisamment élevée au-dessus de la grande aiguille ;* mais, si on la rapproche de cette aiguille, il arrivera un moment où la petite aiguille changera de pôles, tout en venant se placer dans le plan du méridien magné-tique. Si l'on suppose que la grande aiguille soit libre, mais d'une masse, par rapport à celle de la petite, assez considérable pour que l'action de la petite sur la grande soit insensible, le même phénomène se passera comme précédemment. Si l'on écarte ensuite *la grande aiguille du méridien magnétique,* et qu'on la maintienne à une dévia-tion V, en supposant toujours les deux aiguilles d'une très-grande différence de masses, la petite aiguille s'écartera d'*autant plus de la grande* qu'on la rapprochera de cette aiguille, et son *nord* se trouvera toujours *à gauche* du *nord* de la grande aiguille si la déviation de cette aiguille est *à droite,* et à droite si cette déviation est *à gauche ;* pourvu, toutefois, qu'on ait eu soin, pour déterminer cette position de la petite aiguille, de l'amener à la position considérée en partant de son point le plus haut.

On remarquera, en outre, que la petite aiguille disposée de manière à être *horizontale,* quand elle est dans le méridien magnétique, res-tera encore HORIZONTALE dans tous ses écarts autour de ce méridien déterminés par l'action de la grande aiguille. Le contre-poids qui, en effet, dans la première position de l'aiguille, fait équilibre à *la compo-sante verticale* de l'action ATTRACTIVE d'un pôle de la Terre sur le pôle de même nom de l'aiguille et à la composante verticale de l'action RÉPULSIVE du *même pôle* de la Terre sur le pôle de nom contraire de l'aiguille, produit encore le même effet puisque ces composantes ont toujours la même valeur et le même sens.

Supposons, maintenant, que l'on transporte, à bord d'un navire, *deux aiguilles disposées* ainsi que nous venons de le dire, l'une au-dessus de l'autre, et admettons que l'on place cet appareil dans l'axe longitudinal du bâtiment, à une distance de 3 ou 4 mètres de toute

matière ferrugineuse, et en supposant, bien entendu, qu'il n'y ait
auprès de ces aiguilles aucun compensateur AIRY.

Voyons quelles sont les actions qui vont se développer sur la petite
aiguille.

1º Action du magnétisme terrestre.

Soit MM', fig. 8, l'intersection du méridien magnétique du lieu avec
un plan horizontal.

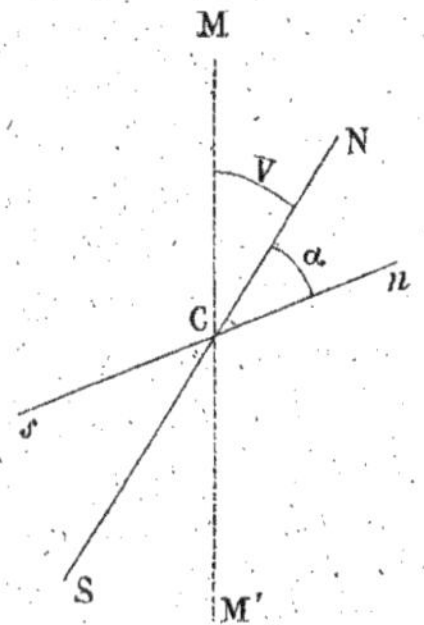

Fig. 8.

Sous l'influence du magnétisme terrestre et des actions magnétiques du bord, la
grande aiguille prend une direction qui
se projette sur ce plan horizontal suivant
une direction N S, c'est-à-dire que l'action
du navire la fait *dévier* du méridien magnétique de l'angle $NCM = V$.

Nous pouvons considérer cet angle
comme *positif* quand le *nord* de la grande
aiguille est à *droite* du *nord* magnétique,
et *négatif* dans le cas contraire.

La *petite aiguille n s*, sous l'influence
de toutes les actions *magnétiques aux-
quelles elle est soumise*, prend une direction qui se projette sur le
plan horizontal suivant *s C n*, et fait, par conséquent, *au moment où
elle est en équilibre*, l'angle $N C n = \alpha$, avec la grande aiguille, et
l'angle $M C n = V + \alpha$ avec le *méridien magnétique*.

Appelons D l'intensité de la *composante horizontale* de l'action
magnétique *attractive* du pôle magnétique nord, sur le pôle *n* de la
petite aiguille, cette action se fera évidemment sentir parallèlement
au méridien magnétique.

Nous considérons les pôles des deux aiguilles comme conservant
une position *invariable*, bien que l'on sache que, lorsque deux
aiguilles agissent à petite distance, ces points d'application de la résultante de toutes les actions magnétiques développées par les molécules de l'une des aiguilles sur les molécules de l'autre éprouvent de
très-petits déplacements.

Nous verrons, du reste, en discutant nos formules, que cette hypothèse ne peut influer sur les résultats d'une manière sensible.

Le pôle *s* éprouve de la part du pôle Nord une action *répulsive* dont l'intensité de la composante horizontale est aussi D.

Si nous nommons D′ l'intensité *de la composante horizontale* de l'action *répulsive* du pôle Sud sur le pôle *n* de l'aiguille, le pôle *s* de cette aiguille éprouvera, de la part de ce pôle Sud, une action *attractive* dont l'intensité de la composante horizontale est aussi D′.

Sous l'influence du magnétisme terrestre, les pôles de la petite aiguille sont donc sollicités par deux forces D et D′ agissant dans le même sens. Le *couple*, qui tend à faire revenir la petite aiguille dans le *plan du méridien magnétique*, est donc, en représentant par *l* la *demi-distance* des pôles de l'aiguille et par *c′* l'état magnétique de cette aiguille au moment considéré :

$$2l\,(D + D')\,c'\,\sin(V + \alpha)$$

ou, en posant
$$D + D' = C_0$$

(1)
$$2l\,C_0\,c'\,\sin(V + \alpha)$$

C_0 varie évidemment avec *la latitude magnétique du lieu*.

2° Action de la grande aiguille sur la petite.

Soient *c* C, fig. (9), la *distance* des axes des deux aiguilles; *n s*, la direction de la petite aiguille ; N S, la direction de la grande.

s, *n*, S, N, représentent les pôles de ces deux aiguilles qui, comme nous l'avons déjà dit, sont supposées *horizontales*.

Projetons la grande aiguille en N′ S′ sur le plan horizontal passant par l'axe de la petite.

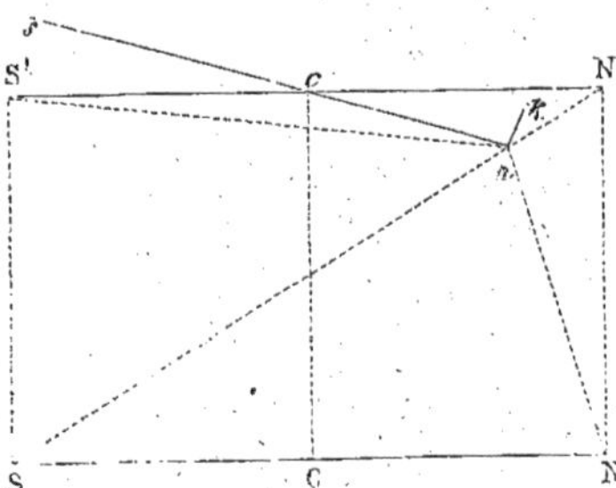

Fig. 9.

Désignons par F. *c′* la *force magnétique* développée d'un pôle N de la grande aiguille *supposée fixe* sur un pôle de la petite, à l'*unité de distance*.

F dépend de l'état magnétique de la grande aiguille et c' de l'état magnétique de la petite à l'instant considéré.

Ce c' est évidemment le même que celui de l'expression (1).

La force magnétique développée par le pôle N sur le pôle n sera, d'après *les lois de Coulomb* :

$$\frac{F.c'}{(Nn)^2}.$$

La composante horizontale de cette force suivant $n\,N'$ est

$$\frac{F.c'}{(Nn)^2}\cos N'n\,N = \frac{F.c'.\,nN'}{(Nn)^3}.$$

La composante de cette composante horizontale, *normalement à la petite aiguille* en n (c'est-à-dire suivant $n\,k$), sera

$$\frac{F.c'.n\,N'}{(Nn)^3}\sin N'nc.$$

Mais le triangle $n\,c\,N'$ donne, en appelant L la longueur $c\,N' = C\,N$, c'est-à-dire la *demi-distance* des pôles de la grande aiguille, et en remarquant que nous avons déjà désigné par α l'angle $N'\,c\,n$:

$$n\,N'\sin N'nc = L\sin\alpha,$$

la composante $n\,k$ a donc pour expression

$$(2) \qquad \frac{F.c'\,L\sin\alpha}{(Nn)^3}$$

Mais dans le triangle $n\,N\,N'$, on a

$$(n\,N)^2 = (n\,N')^2 + (N\,N')^2;$$

De plus, le triangle $n\,c\,N'$ donne

$$(n\,N')^2 = L^2 + l^2 - 2\,Ll\cos\alpha;$$

et, comme $N N' = d$, *distance des deux aiguilles*, il vient donc

$$(n N)^2 = d^2 + L^2 + l^2 - 2 Ll \cos \alpha.$$

L'expression (2) devient, d'après cela,

$$\frac{Fc'. L \sin \alpha}{(d^2 + L^2 + l^2 - 2 Ll \cos \alpha)^{\frac{1}{2}}}.$$

Le *couple* auquel cette force donne naissance a donc pour intensité

$$\frac{F.c'.l\, L \sin \alpha}{(d^2 + L^2 + l^2 - 2 Ll \cos \alpha)^{\frac{3}{2}}}.$$

Le pôle S, en agissant sur le pôle s, donne lieu à un couple *identique* et agissant *dans le même sens*, c'est-à-dire tendant à écarter le pôle n du pôle N'. Ainsi les actions des pôles N et S sur le pôle n et sur le pôle s (respectivement) donnent lieu à un couple représenté par

$$\frac{2\, F.c'.\, L.\, l.\, \sin \alpha}{(d^2 + L^2 + l^2 - 2 Ll \cos \alpha)^{\frac{3}{2}}}.$$

En considérant l'action du pôle S sur le pôle n et du pôle N sur le pôle s, on trouve, en agissant comme nous venons de le faire (mais en considérant les triangles $S S' n$ et $S' c n$), que l'action de ces nouveaux couples est représentée par

$$\frac{2\, F.c'.\, L.l \sin \alpha}{(d^2 + L^2 + l^2 + 2 Ll \cos \alpha)^{\frac{3}{2}}}.$$

Comme tous ces couples agissent évidemment dans le même sens, on a pour expression finale du *couple résultant* auquel donnent naissance les actions des pôles de la grande aiguille sur ceux de la petite :

$$(4)\ \ 2.\, Fc'.\, L.l \sin \alpha \left(\frac{1}{(d^2 + L^2 + l^2 - 2Ll \cos \alpha)^{\frac{3}{2}}} + \frac{1}{(d^2 + L^2 + l^2 + 2 Ll \cos \alpha)^{\frac{3}{2}}} \right)$$

Ce couple agit évidemment dans le sens opposé à celui dû au magnétisme terrestre.

3° Action du navire sur la petite aiguille.

Au moment où la petite aiguille est en équilibre, chacun de ses pôles est soumis à l'action d'une série de petites forces dont nous représenterons les projections horizontales par f, f_1, f_2, f_3, f', f'', fn, fig. (10), et qui proviennent des matières ferrugineuses qui possèdent du *magnétisme permanent*, de celles qui viennent d'acquérir du *magnétisme induit*, et enfin de celles qui agissent simplement comme fer.

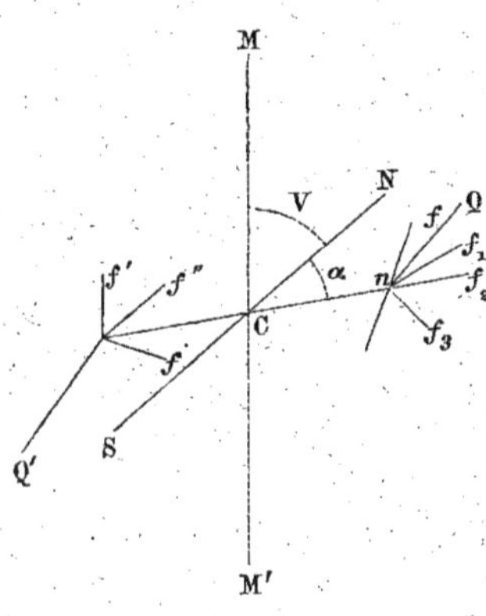

Fig. 10.

Toutes les petites forces qui agissent sur le pôle n donnent lieu à une résultante unique Q. c', faisant avec le *méridien magnétique* un angle δ. La composante de cette force, normalement à la petite aiguille, sera

$$Q.c'. \sin (V + \alpha - \delta).$$

(c' représente toujours l'état magnétique de la petite aiguille.)

Toutes les petites forces qui agissent sur le pôle s donnent lieu à une résultante unique Q' c', faisant avec le *méridien magnétique* un angle δ'; la composante, normalement à la petite aiguille, sera

$$Q'.c' \sin (V + \alpha - \delta').$$

A l'ensemble des deux forces

$$c' Q. \sin (V + \alpha - \delta) \text{ et } c'Q' \sin (V + \alpha - \delta')$$

agissant sur les pôles n et de s la petite aiguille, on peut substituer une force unique

$$2 F'.c' \sin (V + \alpha - A)$$

agissant sur le pôle n de l'aiguille; autrement dit, nous pouvons remplacer toutes les petites actions magnétiques que nous venons de considérer, par un *centre magnétique* résultant, dont la direction, relativement au méridien magnétique, serait établie par la valeur de l'inconnue A, et dont l'*intensité* serait donnée par la valeur de l'inconnue 2 F'. D'après cela, nous pouvons supposer que l'action de toutes *les forces magnétiques du navire* sur la petite aiguille donne lieu au couple

$$2.\mathrm{F}'.c'.l \sin (\mathrm{V} + \alpha - \mathrm{A}).$$

Au moment où la petite aiguille est immobile, ce couple doit faire équilibre à la différence des deux autres dus *au magnétisme terrestre* et à *l'influence de la grande aiguille;* c'est à-dire que la somme des *trois* couples doit être *nulle*. On a donc, pour une *distance* d *des deux aiguilles*, et pour la valeur de α, qui en résulte, l'équation suivante :

$$0 = 2l.\,\mathrm{C}_0 c' \sin (\mathrm{V}+\alpha) + 2\mathrm{F}c'\mathrm{L}l \sin \alpha \left(\frac{1}{(d^2 + \mathrm{L}^2 + 2\mathrm{L}l \cos \alpha)^{\frac{3}{2}}} + \frac{1}{(d^2+\mathrm{L}^2+l^2+2\mathrm{L}l \cos \alpha)^{\frac{3}{2}}} \right)$$
$$+ 2\,\mathrm{F}'c'l \sin [\alpha - (\mathrm{A} - \mathrm{V})],$$

Ou, en divisant tous les termes par $2lc'$, et en faisant $\mathrm{C}_0 = 1$, c'est-à-dire en prenant pour *intensité magnétique* UNITÉ, la somme (D+D') des deux composantes horizontales dues aux pôles terrestres à l'instant considéré, on a

$$0 = \sin (\mathrm{V}+\alpha) + \mathrm{F}.\mathrm{L} \sin \alpha \left(\frac{1}{(d^2+\mathrm{L}^2+l^2 - 2\mathrm{L}l\cos \alpha)^{\frac{3}{2}}} + \frac{1}{(d^2+\mathrm{L}^2+l^2+2\mathrm{L}l \cos \alpha)^{\frac{3}{2}}} \right)$$
$$+ \mathrm{F}' \sin [d - (\mathrm{A} - \mathrm{V})].$$

Si nous posons

$$\mathrm{K}_1 = (d^2 + \mathrm{L}^2 + l^2 - 2\mathrm{L}l \cos \alpha)^{\frac{3}{2}}$$
$$\mathrm{K}'_1 = (d^2 + \mathrm{L}^2 + l^2 + 2\mathrm{L}l \cos \alpha)^{\frac{3}{2}}$$
$$\mathrm{F}_1 = \mathrm{F}\,\mathrm{L} \left(\frac{1}{\mathrm{K}_1} + \frac{1}{\mathrm{K}'_1} \right)$$

On aura enfin, pour *équation d'équilibre* de la petite aiguille,

$$(m) \qquad \sin (\mathrm{V} + \alpha) + \mathrm{F}_1 \sin \alpha + \mathrm{F}' \sin (\alpha - (\mathrm{A} - \mathrm{V})) = 0$$

Établissons, maintenant, l'équation d'équilibre de la grande aiguille :

Supposons que la petite aiguille ait une *masse* très-différente de celle de la *grande*. D'après de nombreuses expériences que nous avons faites, nous pouvons avancer le fait suivant :

Si l'on place la grande aiguille sur son pivot et que la petite soit enlevée du sien, la grande aiguille, si le compas est à terre, prendra exactement la direction du *méridien magnétique ;* mais, si on la soumet à l'action d'un morceau de fer quelconque, elle se placera dans un plan *voisin* du méridien magnétique.

Si l'on remet en place la petite aiguille et qu'on la rapproche successivement *de la grande,* la petite aiguille fera avec cette grande un angle α de plus *en plus grand.* La grande aiguille conservera sa position *à très peu près* dans le plan voisin du méridien magnétique.

L'augmentation de l'angle α est donc entièrement due au mouvement de la petite aiguille, et PEU OU POINT au mouvement de la grande, qui ne *cède point* sous la réaction qu'elle éprouve *dans les actions magnétiques* des pôles de ces deux aiguilles

Si, à l'aide d'un aimant placé à une certaine distance du compas, et avant d'avoir remis la petite aiguille sur son pivot, on donne à la grande aiguille une *déviation considérable du méridien magnétique,* égale à β, on remarquera encore qu'après avoir remis en place la petite aiguille et lorsqu'on la rapprochera successivement de la grande, l'angle β ne *variera pas d'une manière sensible.*

Nous pouvons donc supposer, *si les deux aiguilles ont une différence de masse suffisante,* que la grande aiguille n'est soumise qu'à l'action du *magnétisme terrestre* et à celle des matières *ferrugineuses du bord.*

1° Action du magnétisme terrestre.

Par analogie avec ce que nous avons dit précédemment pour la petite aiguille, il est clair que l'action de la Terre sur la grande aiguille donne lieu au couple

$$2\,L\,C_0\,C'\sin V :$$

C′ représentant l'état magnétique de la grande aiguille au moment considéré, L la demi-distance des pôles, V la déviation, et C_0 l'*unité d'intensité magnétique* que nous avons adoptée.

2° Action du navire sur la grande aiguille.

Si la grande aiguille occupait *exactement* la place de la petite, il est clair que, eu égard *au peu de différence de longueur des deux aiguilles, toutes les actions magnétiques* du navire agiraient sur les pôles de la grande aiguille *identiquement* de la même manière qu'elles agissent sur la petite (en supposant, bien entendu, les deux aiguilles régulièrement aimantées). Comme ces deux aiguilles, sans occuper *identiquement* la même place, ne sont cependant placées, *l'une au-dessus de l'autre,* qu'à une distance de *vingt centimètres* au plus, distance insignifiante relativement à celle à laquelle l'ensemble des pièces magnétiques du navire se trouve des deux aiguilles, on peut *admettre, au moins pour les besoins de la navigation,* que l'action magnétique *résultante,* agissant sur la grande aiguille, est à très-peu près *parallèle* et *égale d'intensité* à l'action magnétique résultante, agissant sur la petite aiguille ; c'est-à-dire que la grande aiguille est soumise à un couple représenté par

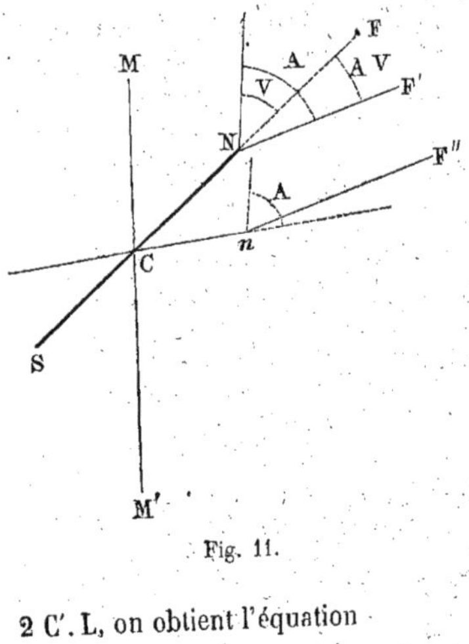

$$2 . F' . C' . L \sin (A - V),$$

ainsi que le montre la fig. 11.

Au moment où la grande aiguille *est en équilibre,* la *somme* des deux couples qui agissent sur elle doit donc être *nulle ;* et par suite, en faisant C_0 et en divisant par

Fig. 11.

2 C′. L, on obtient l'équation

$$(m') \qquad \sin V + F' \sin (A - V) = 0$$

qui est l'*équation d'équilibre* relative à la grande aiguille.

De l'équation (m') on déduit :

$$(6) \qquad F' = -\frac{\sin V}{\sin (A - V)}.$$

Mettant cette valeur de F' dans l'équation (m) relative à la petite aiguille, nous obtenons

$$\sin (V + \alpha) + F_1 \sin \alpha - \frac{\sin V}{\sin (A-V)} \cdot \sin (\alpha - (A - V)) = 0$$

d'où nous déduisons

$$\operatorname{cotang} (A - V) = \frac{2 \sin V \cos \alpha + \cos V \sin \alpha + F_1 \sin \alpha}{\sin V \sin \alpha}.$$

Si l'on place actuellement la *petite aiguille* à une seconde HAUTEUR d', *plus petite que d*, l'angle des deux aiguilles augmentera et deviendra

$$\alpha' > \alpha.$$

Comme d' ne diffère de d que de 5 centimètres *au plus*, on pourra admettre, le navire étant toujours au même cap, que les quantités F' et A n'ont nullement changé ; il en résultera donc une nouvelle équation

$$(n') \qquad \operatorname{cotang} (A - V) = \frac{2 \sin V \cos \alpha' + \cos V \sin \alpha' + F'_1 \sin \alpha'}{\sin V \sin \alpha'}.$$

En égalant les deux seconds membres des équations (n) et (n'), on obtient la relation suivante, où il n'entre plus que V d'inconnue :

$$\frac{2 \sin V \cos \alpha + \cos V \sin \alpha + F_1 \sin \alpha}{\sin V \sin \alpha} = \frac{2 \sin V \cos \alpha' + \cos V \sin \alpha' + F'_1 \sin \alpha'}{\sin V \sin \alpha'}.$$

Résolvant cette équation par rapport à V, on obtient la relation

$$\sin V = -\frac{\sin \alpha \sin \alpha' (F_1 - F'_1)}{2 . \sin (\alpha' - \alpha)}.$$

Nous avons posé précédemment.

$$F_1 = F L \left(\frac{1}{K_1} + \frac{1}{K'_1} \right) \qquad \text{et par suite}$$

3

on a
$$F'_1 = F L \left(\frac{1}{K_2} + \frac{1}{K'_2} \right).$$

On aura donc

$$\sin V = - \frac{F. L \sin \alpha \sin \alpha' \left(\left(\frac{1}{K_1} + \frac{1}{K'_1} \right) - \left(\frac{1}{K_2} + \frac{1}{K'_2} \right) \right)}{2. \sin (\alpha' - \alpha)}$$

Ou si nous posons

$$D_1 = \frac{1}{K_1} + \frac{1}{K_1'}$$

$$D_2 = \frac{1}{K_2} + \frac{1}{K_2'}$$

nous aurons enfin l'équation finale

$$(7) \qquad \sin V = - \frac{F L \sin \alpha \sin \alpha' (D_1 - D_2)}{2. \sin (\alpha' - \alpha)}.$$

F est l'intensité magnétique relative de la grande aiguille;

L, la demi-distance de ses pôles;

α, l'angle des deux aiguilles correspondant à la *plus grande* distance ou *plus grande* hauteur d;

α', l'angle des deux aiguilles correspondant à la plus petite hauteur d'.

Nous savons aussi, d'après les valeurs, page 30, que nous avons supposées à K_1 et à K_1' et par suite à K_2 et à K_2, que D_1 correspond à d et à α, et que D_2 correspond à d' et à α'.

CONSTRUCTION DE TABLES.

L'équation

$$\sin V = - \frac{FL \sin \alpha \sin \alpha' (D_1 - D_2)}{2 \sin (\alpha' - \alpha)},$$

à laquelle nous venons de parvenir, nous donnera la *valeur absolue* de la déviation V.

Pour la calculer facilement, nous avons construit deux tables, les tables I et I I, qui accompagnent l'instrument; la table I donne le logarithme de l'expression

$$A = \frac{L}{2} \frac{\sin \alpha \sin \alpha'}{\sin (\alpha' - \alpha)}.$$

α et α' sont donnés de 2 en 2°. Une simple interpolation donne facilement log A.

D_1 et D_2 sont donnés dans la table I I pour trois hauteurs, d_3, d_4 et d_5 de la petite aiguille; l'argument est α, donné de 2 en 2°.

Quand on a trouvé $D_1 - D_2$, on prend le logarithme de ce nombre et on a enfin,

$$\text{Log} \sin V = \log F + \log A + \log (D_1 - D_2).$$

On sait que log F est une constante.

II

DESCRIPTION DE L'INSTRUMENT (1).

D'après la théorie que je viens d'indiquer, l'instrument *nommé* COMPAS DE DÉVIATIONS se compose :

1° D'une grande aiguille avec sa rose;

(1) Construit chez M. Shiavetti-Bellienni, opticien de la marine à Brest.

2° D'une boîte ou cuvette avec le pivot, cette cuvette étant munie d'une suspension *à la Cardan ;*

3° D'un *cylindre creux* en cuivre fixé verticalement exactement au centre de la glace qui recouvre la cuvette, et supportant un pignon denté ;

4° D'une crémaillère entrant à frottement doux dans le cylindre creux, se terminant par un pivot et supportant un cercle gradué ;

5° De la petite aiguille garnie d'une lame de talc circulaire ;

6° Et enfin de la clef à tête carrée servant à faire marcher la crémaillère.

1° De la grande aiguille.

La grande aiguille, en acier, douée d'une très-grande force coercitive, est représentée en A A′, fig. (12). A son milieu est fixé un chapeau *d* en cuivre terminé par une pierre dure *a*, telle que du *rubis* ou du *saphir*

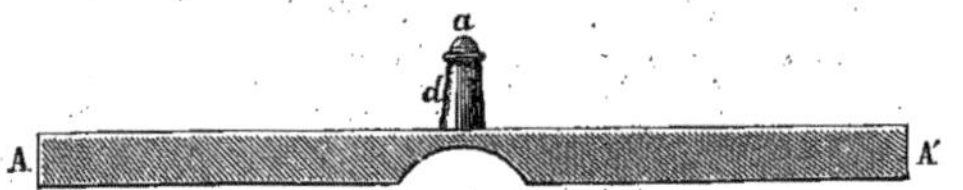

Fig. 12.

d'Orient, sur laquelle vient s'appuyer la pointe du pivot qui est en acier ou même en *irridium.*

La longueur de la grande aiguille, qui a la forme des aiguilles en usage dans la marine, est de 25 centimètres ; sa hauteur est à peu près de 1 centimètre.

2° Du couvercle et du cylindre CREUX.

Le couvercle M M' de la cuvette fig. (13) est formé d'un cercle en cuivre $r\ r'\ r''\ r'''$ et d'une glace V V', au centre de laquelle, c'est-à-dire exactement au-dessus du pivot de la grande aiguille, est encastré un *cylindre creux* F, terminé à sa partie supérieure par une pièce parallélipipédique dans laquelle tourne la roue dentée I,

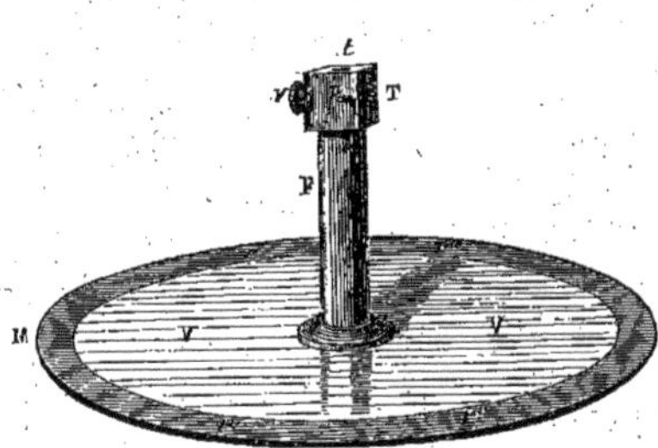

Fig. 13.

qui peut se mouvoir à l'aide de l'axe à tête carrée n.

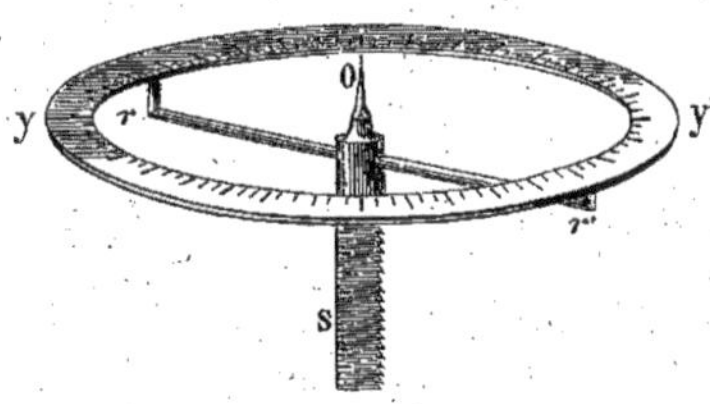

Fig. 14.

Le trou rectangulaire t, qui se trouve à la partie supérieure du parallélipipède reçoit la crémaillère S (fig. 14).

Un ressort placé dans l'intérieur du parallélipipède sert à maintenir, à frottement doux, la crémaillère S dans le cylindre F.

La partie supérieure de la crémaillère qui, au moyen des bras $r\ r'$, porte un cercle gradué $y\ y'$ horizontal, est terminée par une pointe o devant servir de *pivot* à la petite aiguille.

La partie supérieure du cercle gradué doit être de niveau avec le plan supérieur de la petite aiguille. Une vis permet de bien fixer le zéro des graduations du cercle $y\ y'$ suivant l'axe du navire.

La petite aiguille a la forme indiquée fig. (15) ; elle doit être d'une masse très-différente de la grande, pour ne pas avoir d'action sur

Fig. 15.

celle-ci. Dans le compas expérimenté à bord du *Magenta,* le rapport de la masse de la petite aiguille à celle de la grande était d'environ 1/20.

Pour rendre la petite aiguille moins *volage* et diminuer considérablement ses oscillations, elle est fixée à une rose en talc. — On pourrait, du reste, la plonger dans un liquide (eau et alcool) contenu dans une boîte en verre supportée par la crémaillère et qui envelopperait le cercle gradué *y y'*.

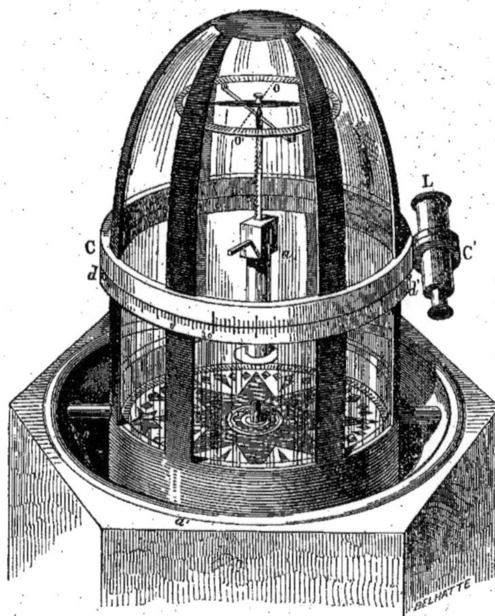

Fig. 16.

Une enveloppe cylindrique en cuivre et garnie de glace recouvre tout l'appareil pour mettre la petite aiguille à l'abri du vent ou des chocs.

Sur l'une des faces est percée une petite fenêtre pour laisser passer la clef à tête carrée qui agit sur l'axe *n* (fig. 13), et faire monter ou descendre la crémaillère.

La figure (16) représente l'instrument en entier.

c c' est un cercle mobile sur le cercle fixe gradué *d d'*. Le cercle *c c'* porte une lunette L dont l'axe optique est parallèle à l'axe longitudinal du navire quand le *o* du vernier du cercle C C' coïncide avec le zéro du cercle *d d'*. Cette lunette sert à prendre *les relèvements magnétiques* des objets *terrestres*; les supports C' C' de la lunette L lui permettent d'avoir un petit mouvement dans le sens vertical.

En dirigeant la lunette vers l'objet dont on veut avoir le relèvement, il suffit de noter le cap du bâtiment, indiqué par la grande aiguille au moment considéré, et de combiner l'angle donné par le zéro du cercle C C' (c'est-à-dire l'angle que fait l'axe optique de la lunette avec l'axe du bâtiment), avec cet angle que fait l'axe du bâtiment avec l'aiguille aimantée.

III

USAGE DE L'INSTRUMENT.

L'instrument doit être placé sur le pont, non loin des compas habituels, mais cependant à une distance suffisante pour que les aiguilles n'aient aucune action les unes sur les autres. Avec la disposition que nous avons donnée à l'appareil, le mieux est de lui faire occuper la place que l'on donne habituellement *aux compas de relèvements*.

La ligne de foi tracée sur la paroi verticale de la cuvette devra être placée exactement dans le plan longitudinal du navire.

L'appareil de la petite aiguille est disposé de telle sorte que la ligne 0 — 180° du *cercle* gradué de la petite aiguille soit exactement parallèle à la ligne de foi, *quelle que soit la hauteur* à laquelle la petite aiguille se trouve au-dessus de la grande.

Détermination de la constante F.

La première chose à faire est de déterminer la valeur de la constante F dans les parages où se trouve le navire.

Cette détermination peut se faire *à terre, en rade,* ou *à la mer.*

1° *A terre.* Si l'on place le compas à terre, loin de toute action magnétique étrangère, et que, après avoir enlevé et éloigné la petite aiguille, on fixe la *grande aiguille* du compas dans une position lui faisant faire un angle V avec le méridien magnétique du lieu, en replaçant ensuite la petite aiguille sur son pivot on pourra facilement obtenir l'équation d'équilibre de cette aiguille, pour une certaine élévation, en faisant simplement $F' = 0$ dans l'équation (m), page 30. Cette équation devient alors

$$\sin (V + \alpha) + F_1 \sin \alpha = 0$$

et comme

$$F_1 = FL \left(\frac{1}{K} + \frac{1}{K'}\right) = FLD$$

on obtient

$$F = - \frac{\sin (V + \alpha)}{L.D \sin \alpha}.$$

α est l'angle que font les deux aiguilles à la hauteur considérée.

Le logarithme du nombre D est donné par la table **II**, qui accompagne l'instrument ; nous aurons donc

$$\log F = \log \sin (V + \alpha) + \text{colog } L + \text{colog } D + \text{colog } \sin \alpha.$$

En faisant cette détermination pour des distances d_1, d_2, $d_3 ...$, d_n, donnant des angles α_1, α_2, α_3, ... α_n, on aura une série de valeurs de F, très-peu différentes du reste, et dont on prendra *la moyenne.*

2° *A la mer.* Si nous reprenons l'équation (7) page 34, et que nous remplacions la quantité

$$\frac{L. \sin \alpha \sin \alpha'}{2. \sin (\alpha' - \alpha)}$$

par A, nous aurons, en ne tenant pas compte du signe,

$$(8). \qquad \sin V = F. A (D_1 - D_2).$$

Supposons qu'ayant le soleil ou un autre astre en vue, on détermine *le relèvement magnétique* de l'astre relativement à la grande aiguille du compas. (On peut, pour cela, se servir même d'un compas auxiliaire.)

En maintenant toujours le navire au même cap, au moment où l'on prend le relèvement, on fait au compas *de déviations* l'observation des angles α et α'. Pour cela, au moment du relèvement, on fait un *top*, et la comparaison entre le *cap* donné par la grande aiguille et le cap indiqué par la petite donne l'angle α. On place la crémaillère à une autre indication d', et au moyen d'un second *top* on a l'angle α'. Ce second *top* doit être fait au moment où la grande aiguille indique le même cap qu'au premier.

Soient, maintenant, M C M' (fig. 17), le méridien du lieu, $\odot$ la position du soleil, M″ C la direction du méridien magnétique, et A C A' celle de la grande aiguille pour le cap considéré.

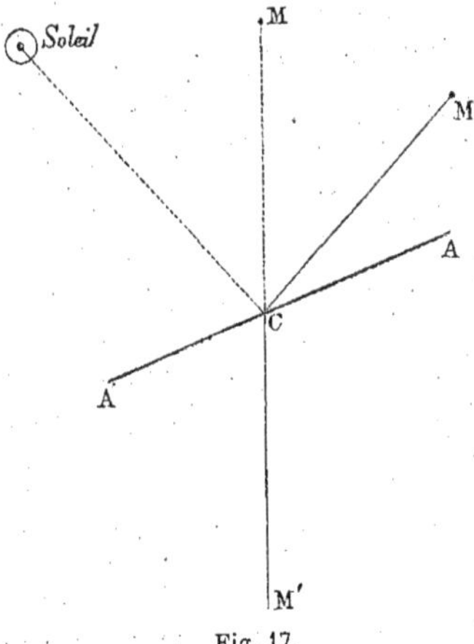

Fig. 17.

L'angle A C M $= z$ sera ce que j'appelle *l'azimut vrai* de la grande aiguille, c'est-à-dire l'angle qu'elle fait avec le méridien vrai du lieu ; on a évidemment

$$z = \odot C A - \odot C M$$

$=$ Relèvement magnétique du soleil — Azimut vrai du soleil.

L'azimut vrai du soleil sera déterminé, pour le moment du relèvement, soit par une *hauteur* de cet astre prise au même instant, soit au moyen *de l'heure du* lieu déduite du chronomètre.

On connaîtra donc ainsi l'angle z.

En nommant d la *déclinaison magnétique* du lieu $=$ M C M″ et V la déviation M″C A de la grande aiguille, on a

$$V = z - d.$$

L'équation (8) peut donc s'écrire

$$(x) \qquad \sin (z - d) = F. \; A (D_1 - D_2).$$

Si l'on change le cap du navire de deux ou trois quarts, et que l'on fasse les mêmes relèvements et observations que pour le cap précédent, on obtiendra une seconde équation

$$(x') \qquad \sin (z' - d) = F. \; A' (D'_1 - D'_2).$$

Les quantités A', D'_1, D'_2 s'obtiendront à l'aide des nouveaux angles α et α', donnés par la petite aiguille, et au moyen de nos tables I et II.

Des deux équations (x) et (x') on déduit

$$\frac{\sin (z - d)}{\sin (z' - d)} = \frac{A (D_1 - D_2)}{A' (D'_1 - D'_2)},$$

d'où, en posant

$$\tan g \, \varphi = \frac{A (D_1 - D_2)}{A' (D'_1 - D'_2)},$$

on obtient la relation

$$\frac{\sin (z - d)}{\sin (z' - d)} = \frac{\tan g \, \varphi}{1};$$

d'où

$$\frac{\sin (z - d) + \sin (z' - d)}{\sin (z' - d) - \sin (z - d)} = \frac{\tan g \, \varphi + \tan g \, 45°}{1 - \tan g \, \varphi \, \tan g \, 45°}$$
$$= \tan g \, (45° + \varphi)$$

et, par suite,

$$(6) \qquad \tan g \left(\frac{z + z'}{2} - d \right) = \tan g \left(\frac{z' - z}{2} \right) \tan g \, (\varphi + 45°),$$

équation qui permettra donc d'obtenir, *en mer*, la *déclinaison magnétique* du lieu.

Connaissant d, on aura F par l'une des relations (x) ou (x').

$$F = \frac{\sin (z - d)}{A (D_1 - D_2)}.$$

On devra faire cette détermination de F, *à la mer, toutes les fois que le temps et les circonstances le permettront, et surtout quand on changera de parages d'une manière notable.*

3° *En rade.* Si l'on est dans une rade où *la déclinaison* d de l'aiguille aimantée est connue, un seul relèvement joint à l'azimut vrai du soleil donnera immédiatement F par la relation

$$F = \frac{\sin (z - d)}{A (D_1 - D_2)}.$$

C'est aussi le procédé que l'on emploiera *à la mer*, si l'on veut se servir de la déclinaison de l'aiguille marquée sur la carte.

Détermination de la déviation pour un cap donné du navire.

Une fois F connu, il sera facile d'obtenir la déviation du compas pour un certain cap du navire, cap indiqué par le compas d'habitacle.

On maintiendra le navire au cap C. On élèvera, au moyen de la crémaillère, *la petite aiguille à sa plus grande hauteur, et on la laissera prendre son équilibre.*

Puis, on abaissera cette petite aiguille jusqu'à une certaine hauteur d_n marquée sur la crémaillère.

Un observateur se tiendra près du compas d'habitacle; deux autres se tiendront près du *compas de déviations.* L'un de ces deux observateurs devra lire l'*indication* ou cap de *la grande aiguille*; l'autre l'indication ou cap de la petite aiguille, au moment du *top* prononcé par *l'observateur* du compas d'habitacle qui fera ce *top* juste au moment où *le compas d'habitacle indiquera le cap* C.

La différence *des deux caps* donnés par la grande et la petite aiguille du compas de déviations donnera l'angle a_1.

Si l'état de la mer ne permettait pas de maintenir facilement le navire au même cap, on recommencerait plusieurs fois, *sans toucher à la crémaillère, le top* précédent, et, si l'angle a_1 n'avait pas constamment la même valeur, on prendrait la *moyenne* des valeurs obtenues.

On placera ensuite la *crémaillère* à une autre hauteur $d_{n'} < d_n$ et, en répétant les mêmes opérations que précédemment, on aura le second angle α_2.

On pourra alors appliquer la formule

$$\sin V = F. A (D_1 - D_2).$$

La table I, en y entrant avec α_1 et α_2, donnera log A.

La table II, en y entrant avec d_n et α_1, donnera D_1, et en y entrant avec $d_{n'}$ et α_2 donnera D_1 ; on fera la différence

$$D_1 - D_2$$

et on en prendra le *logarithme*.

Puis, enfin, on obtiendra

$$\log. \sin V = \log F + \log A + \log (D_1 - D_2),$$

d'où l'on *aura* V.

Cette déviation, d'après ce que nous avons dit précédemment, sera à DROITE, c'est-à-dire que le *nord* de la grande aiguille tombera à droite du méridien magnétique, si la petite *aiguille se trouvait à gauche de la grande aiguille pendant les observations*, et sera à GAUCHE dans *le cas contraire*. Il faudra bien avoir soin, pour amener la petite aiguille à la première hauteur d_n, de l'abaisser *du point le plus élevé de la course de la crémaillère*.

IV

DISCUSSION DE LA THÉORIE DU COMPAS DE DÉVIATIONS.

La théorie du *compas de déviations* est, ainsi que nous avons pu le voir, implicitement basée sur l'hypothèse qu'un *compas* élevé *de* 15 à 20 *centimètres* au-dessus de sa position conserve à *très-peu près*, à bord d'un navire, les mêmes déviations pour les différents caps du bâtiment.

Ceci, bien entendu, à 1 ou 2 degrés près, ce qui est plus que suffisant pour les besoins de *la navigation;* car tout marin sait qu'il est impossible, en mer, de tenir le cap du navire à *deux degrés* près de la route indiquée par le capitaine.

Pour justifier ce que nous avons admis, il suffit de remarquer que toutes les substances magnétiques du navire sont habituellement éloignées du compas de 3 ou 4 mètres au moins, et que les grandes masses ferrugineuses le sont bien davantage.

Cette élévation de 15 à 20 centimètres ne fait donc que changer d'une manière *très-peu sensible* la *distance* et la *position* de l'aiguille aimantée, relativement aux différents points magnétiques du bâtiment.

On peut donc regarder comme évident que l'action exercée par chacun de ces points change infiniment peu en *direction* et en *intensité,* et, par conséquent, que les quantités que nous avons désignées par F′ et A *sont les mêmes pour la grande et pour la petite aiguille.*

Si l'on suppose un centre magnétique placé à 4 mètres du compas, et qu'on le place à 4^m,20, l'intensité de son action n'aura diminué que de 0,1 de sa valeur primitive; et il faut remarquer que, lorsqu'on élève une aiguille de 0^m,20, sa distance à des points qui étaient distants d'elle primitivement de 4 mètres, et à peu près dans son plan d'oscillation, varie très-peu.

Pour les centres magnétiques plus éloignés, cette variation est encore plus faible; à la distance de 60 mètres, une variation de 20 centimètres ne produirait dans l'intensité d'un centre magnétique qu'une variation de 0,008 de sa valeur.

En considérant l'intensité magnétique F, qui entre dans notre formule, comme la *résultante* de toutes les actions *magnétiques individuelles* du navire, il me semble que c'est beaucoup admettre que de supposer que, relativement aux *deux aiguilles* du compas de déviations, les intensités puissent différer d'*un* centième de la valeur de F′.

De même, je crois que c'est encore beaucoup admettre que de supposer que, pour les *deux aiguilles,* la quantité que nous avons représentée par A puisse avoir deux valeurs différant entre elles de 1°.

Reprenons, maintenant, les deux équations d'équilibre (*m*) et (*m′*)

de la petite et de la grande aiguille; mais, pour cette dernière, mettons F'' et A' à la place de F' et de A.

Nous aurons alors :

$$(1) \quad \sin (V + \alpha) + F_1 \sin \alpha + F' \sin (\alpha - (A-V)) = 0$$
$$(2) \quad \sin V + F'' \sin (A' - V) = 0$$

Posons
$$F'' = F' + f$$
$$A' = A + a.$$

D'après les considérations précédentes, f et a sont nécessairement des quantités *très-petites*.

En substituant ces valeurs dans l'équation (2), elle devient

$$(3) \quad \sin V + (F' + f) \sin (A + a - V) = 0 \qquad \text{ou}$$

$$\sin V + F' \sin (A-V) \cos a + F' \cos (A-V) \sin a + f \sin (A + a - V) = 0$$

ou, en faisant $\quad \cos a = 1 - 2 \sin^2 \dfrac{a}{2},$

$$\sin V + F' \sin (A - V) - F' \sin (A-V) 2 \sin^2 \frac{a}{2} + F' \cos (A-V) \sin a$$
$$+ f \sin (A + a - V) = 0.$$

Posons

$$\beta = F' \cos (A - V) \sin a + f \sin (A + a - V) - F' \sin (A - V) 2 \sin^2 \frac{a}{2}$$

qui peut se mettre sous la forme

$$\beta = (F' + f) 2 \sin \frac{a}{2} \cos \left(A-V + \frac{a}{2}\right) + f \sin (A-V)$$

L'équation (3) devient alors,

$$(4) \quad \sin V + F' \sin (A - V) + \beta = 0$$

D'où l'on déduit

$$F' = \frac{\sin V}{\sin (A-V)} - \frac{\beta}{\sin (A - V)}.$$

Mettant cette valeur dans l'équation (1), on obtient

$$\sin (V + \alpha) + F_1 \sin \alpha - \frac{\sin V}{\sin (A-V)} \sin (\alpha - (A - V))$$

$$- \frac{\beta}{\sin (A-V)} \sin (\alpha - (A - V)) = 0.$$

D'où l'on déduit

$$(5) \qquad \cotg (A - V) = \frac{2 \sin V \cos \alpha + \cos V \sin \alpha + F_1 \sin \alpha}{\sin V \sin \alpha}$$

$$- \frac{\beta \cotg (A - V)}{\sin V} + \frac{\beta \cotg \alpha}{\sin V}.$$

Pour une autre hauteur de la petite aiguille (ces 2 positions de l'aiguille ne différant que d'*un* ou *deux* centimètres), on aura

$$(6) \qquad \cotg (A - V) = \frac{2 \sin V \cos \alpha' + \cos V \sin \alpha' + F'_1 \sin \alpha'}{\sin V \sin \alpha'}$$

$$- \frac{\beta \cotg (A - V)}{\sin V} + \frac{\beta \cotg \alpha'}{\sin V}.$$

En égalant les deux seconds membres des équations (5) et (6), et en supprimant le terme commun

$$- \frac{\beta \cotg (A - V)}{\sin V}$$

on obtient enfin

$$\sin V = \frac{\sin \alpha \sin \alpha' (F_1 - F'_1)}{2 \sin (\alpha' - \alpha)} - \frac{\beta}{2}.$$

Ainsi, en calculant la déviation V à l'aide de la formule (7) donnée page 34, nous commettrons au plus sur sin V une erreur représentée

par $\qquad\qquad \dfrac{\beta}{2}.$

D'après les tableaux dressés pour certains navires, relativement à *l'intensité de la force perturbatrice*, tableaux dont, d'après M. Airy, nous avons donné un spécimen (p. 10), nous pouvons admettre que cette intensité ne dépasse pas l'*unité*, c'est-à-dire n'est jamais égale à l'intensité magnétique du globe.

Si nous supposons donc

$$F_1 = 1,$$

Nous dévons, d'après ce que nous avons dit plus haut,

écrire $$f = 0,01;$$

Et par conséquent

$$F' + f = 0,11 \text{ et } \frac{f}{2} = 0,005.$$

D'après la valeur de β nous avons

$$\frac{\beta}{2} = (F' + f) \sin \frac{a}{2} \cos \left(A - V + \frac{a}{2}\right) + \frac{f}{2} \sin (A - V):$$

Donc

$$\frac{\beta}{2} < (F' + f) \sin \frac{a}{2} + \frac{f}{2}$$

Ou, en faisant $a = 1°$

$$\frac{\beta}{2} < 0,11 \sin 0° 30' + 0,005$$

ou
$$\frac{\beta}{2} < 0,006.$$

Si nous écrivons

$$\sin V' = \frac{\sin a \sin a' (F_1 - F_1')}{2 \sin (a' - a)}$$

Nous aurons

$$\sin V = \sin V' - \frac{\beta}{2}$$

Ou, en posant $V = V' - x$, il viendra, comme x est très-petit,

$$x = \frac{\frac{\beta}{2}}{\cos V' . \sin 1''}$$

Si nous supposons $V' = 50°$,
on aura
$$x = \frac{0,006}{\cos 50° . \sin 1''} \qquad \text{d'où}$$
$$x = 0° 32' 5''.$$

Erreur insignifiante pour les besoins de la navigation.

Nous avons à examiner l'influence que pourrait avoir sur la valeur de V une erreur commise dans la détermination des pôles des deux aiguilles.

Cette distance entre dans les termes D_1 et D_2, et comme facteur dans sin V.

Mais nous pouvons d'abord remarquer, d'après la formule

$$\sin V = \frac{F L \sin \alpha \sin \alpha'}{2 \sin (\alpha' - \alpha)} (D_1 - D_2),$$

que nous faisons la *différence* des quantités D_1 et D_2.

Si nous considérons la forme de

$$D_1 = \frac{1}{(d^2 + L^2 + l^2 - 2 Ll \cos \alpha)^{\frac{3}{2}}} + \frac{1}{(d^2 + L^2 + l^2 + 2 Ll \cos \alpha)^{\frac{3}{2}}}$$

nous remarquons que d ayant une valeur moyenne de 0,19, tandis que L et l sont égaux environ à 0,082 et 0,044, le terme d^2 a une valeur moyenne égale à 0,0375 tandis que $L^2 + l^2$ ne donne que 0,008; ainsi la quantité qui *domine beaucoup* dans D_1 c'est d^2 qui peut être connu avec une très-grande précision.

On trouve facilement que si l'on faisait varier L et l de 5 millimètres, *ce qui serait une erreur très-grande commise dans l'appréciation des pôles*, la quantité $d^2 + L^2 + l^2$ ne varierait que d'un *millième*.

Le terme $2 Ll \cos \alpha$ est aussi généralement très-petit; une erreur de 5 millimètres dans les longueurs L et l ne produirait *au plus* qu'une erreur d'*un* millième dans le terme $2 Ll \cos \alpha$, et encore faudrait-il que α fût égal à zéro, ce qui n'est pas.

Nous pouvons donc conclure qu'une petite erreur dans la valeur des quantités L et l ne peut produire qu'une erreur très-petite dans le terme D_1, et, comme l'erreur commise dans les mêmes circonstances sur D_2 sera de même signe, l'erreur commise sur

$$(D_1 - D_2)$$

pourra être considérée comme insignifiante, surtout pour le but qu'on se propose.

Il n'en est pas de même de l'erreur commise sur L, car elle agit tout entière sur sin V; mais nous pouvons remarquer que dans notre détermination de la constante F, soit à terre, en rade ou à la mer, nous avons à terre (par exemple),

$$F = - \frac{\sin (V + \alpha)}{L\,D \sin \alpha}.$$

Or nous pourrions prendre pour *constante*, à la place de F, la quantité

$$F\,L = - \frac{\sin (V + \alpha)}{D \sin \alpha}.$$

donc, par le fait, la valeur que nous prenons pour L n'a aucune importance, puisqu'elle est, en réalité, *fondue* dans la constante F L. *A la mer,* il en est de même, puisque

$$\tan \varphi = \frac{A\,(D_1 - D_2)}{A'\,(D'_1 - D'_2)}$$

est indépendant de L, et qu'on a encore

$$F = \frac{\sin (z - d)}{A\,(D - D_2)}.$$

c'est-à-dire,

$$F\,L = \frac{2 \sin (\alpha' - \alpha)}{\sin \alpha \sin \alpha'} \times \frac{\sin (z - d)}{(D_1 - D_2)}.$$

C'est ce qui a lieu aussi pour la détermination faite *en rade.*

Nous voyons donc que nous pouvons, pour les valeurs de L et de *l*, *adopter les lois de Coulomb,* et laisser de côté cette petite variation que subit *la position des pôles* dans deux aiguilles qui agissent à petite distance.

V

EXPÉRIENCES FAITES SUR LE VAISSEAU CUIRASSÉ *LE MAGENTA*.

Les seules expériences qui aient encore été faites sont celles qui ont eu lieu sur le vaisseau *le Magenta* en 1862.

Nous devons dire que ces expériences n'ont nullement été faites comme l'exigeait notre théorie; le navire n'était pas, en effet, *maintenu au même cap* pour la détermination de chaque déviation.

Il tournait sur lui-même pour *le réglage de ses compas* et nos deux angles α et α' relatifs à chaque cap ne pouvaient, pour ainsi dire, être pris *qu'au vol*.

Si nous publions donc ces expériences, c'est parce que nous pensons que, tout imparfaites qu'elles sont, elles pourront faire entrevoir les résultats auxquels on doit arriver avec un instrument de ce genre employé convenablement d'après les prescriptions de la *théorie*.

Le *vaisseau cuirassé* le Magenta avait été choisi parce qu'on pensait qu'il devait développer de *grandes déviations* sur ses compas. Il en a été tout autrement. Ce navire a une longueur de 84 mètres et une largeur de 17 mètres.

Il porte dans deux batteries 52 canons rayés de 30, et un éperon *en fer* à l'avant. La machine, qui fait mouvoir son hélice, est de 1,000 chevaux.

En avant du grand mât se trouve un *blockhaus en fer* où le commandant et l'officier de quart peuvent être à l'abri des balles.

Les ponts du *Magenta* sont en fonte de fer recouverte de bordages en bois; ce fer n'existe pas à 4 mètres à l'entour des compas.

L'épaisseur des plaques du *blindage* est de 12 centimètres.

Il y a donc, pour ainsi dire, du fer partout.

1° Détermination de la constante F.

Le compas étant à terre, on l'a porté derrière le quartier de la marine, loin des *matières ferrugineuses*.

Là, après avoir enlevé la petite aiguille et l'avoir éloignée du compas, on a déterminé, à l'aide de la *grande aiguille*, la position du *méridien magnétique du lieu*.

On a ensuite donné à la grande aiguille et au moyen d'un fil une déviation *à droite* de 44° 45′; on a maintenu, à l'aide du fil, l'aiguille dans cette position.

On a replacé la petite aiguille sur son pivot, et au moyen de la clef on l'a successivement amenée aux distances

$$d_0, d_1, d_2, d_3, d_4, d_5, d_6,$$

marquées sur la crémaillère et qui ne diffèrent entre elles que d'*un* centimètre.

La petite aiguille a fait alors, successivement avec la grande aiguille, les angles donnés dans le tableau suivant :

	DISTANCES mesurées exactement.	ANGLES α de la petite aiguille avec le méridien magnétique.	SITUATIONS.
	m.		
d_0	0,1506	94° 30′	A gauche.
d_1	0,1606	84 30	Id.
d_2	0,1706	74	Id.
d_3	0,1806	64 30	Id.
d_4	0,1906	55 30	Id.
d_5	0,2006	48	Id.
d_6	0,2106	41	Id.

Les distances des pôles, c'est-à-dire les longueurs L et l, ont été déterminées *d'après les lois de Coulomb*; on a ainsi trouvé

$$L = 0,0825$$
$$l = 0,044$$

d'où
$$2\,Ll = 0,00726.$$

En désignant par $S^2{}_n$ la somme $d^2{}_n + L^2 + l^2$ on a obtenu les constantes suivantes :

$$S^2{}_0 = 0,03142261$$
$$S^2{}_1 = 0,03453461$$
$$S^2{}_2 = 0,03784661$$
$$S^2{}_3 = 0,04135861$$
$$S^2{}_4 = 0,04507061$$
$$S^2{}_5 = 0,04898261$$
$$S^2{}_6 = 0,05309461$$

En appliquant la formule

$$F = - \frac{\sin (V + \alpha)}{\sin \alpha L \left(\dfrac{1}{(d^2 + L^2 + l^2 - 2 Ll \cos \alpha)^{\frac{3}{2}}} + \dfrac{1}{(d^2 + L^2 + l^2 + 2 Ll \cos \alpha)^{\frac{3}{2}}} \right)}$$

aux 7 valeurs de α trouvées ci-dessus, on a obtenu pour F les valeurs suivantes :

$$F_0 = 0,0486457$$
$$F_1 = 0,0483537$$
$$F_2 = 0,0481490$$
$$F_3 = 0,0484470$$
$$F_4 = 0,0484917$$
$$F_5 = 0,0488778$$
$$F_6 = 0,0487690$$

La moyenne de ces valeurs donne

$$F = - 0,0485334$$

C'est *l'intensité magnétique de la grande aiguille à l'unité de distance, en prenant pour unité d'intensité magnétique la composante horizontale C_0 du magnétisme terrestre à Brest ce jour-là.*

Une fois cette constante ainsi déterminée, le compas a été porté à bord du *Magenta* et placé sur un support en bois élevé dans l'axe longitudinal du bâtiment et non loin du mât d'artimon.

Le *Magenta* se trouvait alors dans la baie de l'Auberlac'h (rade de Brest), pour régler ses compas.

Le navire tournait sur place au moyen de *quatre* grelins amarrés sur quatre *coffres*.

Pendant ce mouvement, effectué lentement mais sans interruption, on a noté les *caps magnétiques-réels* du bâtiment à l'aide d'un *théodolite* placé sur l'avant, et au moyen duquel on relevait, à très-peu d'intervalle, un *moulin (le moulin du chat)* placé à une très-grande distance. On a fait au compas de déviation, lorsque la lenteur du mouvement du bâtiment l'a PERMIS, *douze observations* pour *douze caps* répartis dans les 24 rumbs de vent; du Sud à l'Est en passant par l'Ouest.

Ces observations n'ont pas toutes correspondu aux relèvements au théodolite faits par le génie maritime pour la régulation des compas. C'est ce qui fait qu'on n'a pu obtenir pour ces observations les déviations apparentes indiquées par le théodolite. Un des compas de relèvement du navire a donné les *caps indiqués* dans la première colonne du tableau ci-dessous; dans la seconde colonne se trouvent les *caps correspondants* de la grande *aiguille du compas de déviations,* et, dans la troisième, les caps *de la petite aiguille* pour deux hauteurs d_3 et d_4 indiquées sur la crémaillère. La dernière colonne donne les déplacements de la petite aiguille pour cette variation d'*un* centimètre dans sa distance à la grande.

On voit très-bien que la grande aiguille conserve *à très-peu près* le même cap, aux deux hauteurs d_3 et d_4 de la petite aiguille, tandis que celle-ci se déplace considérablement.

	COMPAS DE relèvement.	DISTANCE.	CAPS de la grande aiguille du compas de déviations.	CAPS de la petite aiguille.	Déplacement de l'aiguille.
1er	Sud 5° 20′ Est.	d_3	S. 9° Est.	S. 72° O.	59
	S. 5 20 E.	d_4	S. 7 30 Est.	S. 13 O.	
2e	S. 4 O.	d_3	S. 1 O.	S. 82 O.	52
	S. 4 O.	d_4	S. 1 30 O.	S. 30 O.	
3e	S. 11 O.	d_3	S. 12 30 O.	S. 93 O.	70 30
	S. 11 O.	d_4	S. 12 30 O.	S. 22 30 O.	
4e	S. 23 O.	d_3	S. 21 O.	S. 104 O.	52
	S. 23 O.	d_4	S. 21 30 O.	S. 52 O.	
5e	S. 29 40 O.	d_3	S. 27 30 O.	S. 117 O.	59
	S. 29 40 O.	d_4	S. 27 30 O.	S. 58 O.	
6e	S. 43 O.	d_3	S. 42 O.	S. 129 O.	54
	S. 43 O.	d_4	S. 42 30 O.	S. 75 O.	
7e	S. 86 O.	d_3	S. 84 30 O.	S. 183 30 O.	58
	S. 86 O.	d_4	S. 84 30 O.	S. 125 O.	
8e	N. 47 40 O.	d_3	N. 45 O.	N. 106 O.	66
	N. 47 40 O.	d_4	N. 45 O.	N. 40 O.	
9e	N. 7 20 O.	d_3	N. 9 O.	N. 37 E.	35
	N. 7 20 O.	d_4	N. 7 O.	N. 2 E.	
10e	N. 3 O.	d_3	Nord.	N. 42 O.	43
	N. 2 O.	d_4	Nord.	N. 1 Est.	
11e	N. 38 20 Est.	d_3	N. 34° 30′ Est.	N. 87 Est.	41
	N. 38 20 Est.	d_4	N. 35 Est.	N. 46 Est.	
12e	N. 87 Est.	d_3	N. 89 Est.	N. 18 Est.	47
	N. 87 Est.	d_4	N. 87 Est.	N. 65 Est.	

De ce premier tableau ressort évidemment que les deux compas différaient peu ; il en était de même, du reste, de tous les autres compas du navire, c'est-à-dire que, *malgré les immenses quantités de fer contenues dans le* Magenta, *tous les compas s'accordaient à très-peu près.*

Au moyen du tableau précédent et en employant la formule (7), p. (34), on a trouvé les déviations suivantes pour le compas de relèvement-arrière du vaisseau *le Magenta.*

Il est bon de remarquer que les déviations pour tous les compas du bord étant infiniment petites, on ne peut, à cause des erreurs d'observations, compter sur un accord qui, relativement, serait beaucoup plus sensible, si les déviations eussent eu une valeur assez grande, comme on pouvait s'y attendre.

CAPS du compas de relèvement.	DÉVIATIONS calculées.	CAPS magnétiques donnés par le théodolite.	DÉVIATIONS apparentes.
S. 5° 20' Est.	+ 0° 53'	S. 4° 40' Est.	+ 0° 40'
S. 4 Ouest.	— 0 7	S. 5 Ouest.	+ 1
S. 11 Ouest.	+ 2 56	....	+ 2 45
S. 14 Ouest.	....	S. 16 45 Ouest.	....
S. 23 20 Ouest.	+ 1 16	S. 25	+ 1 40
S. 23 20 Ouest.	....	....	....
S. 29 30 Ouest.	+ 0 37	S. 31 20 Ouest.	+ 1 40
S. 43 Ouest.	+ 2 16	S. 44 40 Ouest.	+ 1 40
S. 85 Ouest.	....	S. 85 30 Ouest.	+ 0 30
S. 86 Ouest.	+ 1 37	....	....
N. 47 40 Ouest.	+ 2 5	....	....
N. 48 40 Ouest.	....	N. 49 20 Ouest.	— 1 20
N. 7 Ouest.	+ 0 43	....	....
N. 5 20 Ouest.	....	N. 5 Ouest.	+ 0 20
N. 4 20 Ouest.	....	N. 4 40 Ouest.	— 0 20
N. 3 Ouest.	+ 0 54	....	....
N. 38 Est.	— 1 47	N. 39 40 Est.	+ 1 40
N. 86 Est.	....	N. 87 15 Est.	+ 1 15
N. 87 Est.	— 0 16	....	....

Nous pouvons voir, d'après ce tableau, que l'instrument a donné des résultats aussi satisfaisants (ainsi que l'a constaté le rapport de la commission) que l'on pouvait l'espérer d'après des déterminations faites avec si peu de soin.

Nous pouvons aussi faire remarquer que les déterminations faites au théodolite ne jouissent évidemment pas d'un grand degré d'exactitude, puisque nous voyons dans le tableau précédent deux déviations apparentes de $+ 20'$ et de $- 20'$ pour deux caps qui ne diffèrent que de 40 minutes ; il est clair qu'*il y a là des erreurs d'observations au théodolite* ou au compas de relèvement.

Néanmoins, ainsi que je l'ai dit précédemment, ces résultats peuvent faire espérer que, expérimenté dans de bonnes conditions, l'instrument donnera d'*une manière satisfaisante, pour les besoins de la navigation,* ces déviations qui sont, *depuis quelques années, l'objet d'une si grande préoccupation.*

TABLE DES MATIÈRES.

Résumé historique.

Du Compas de Déviations.

9 782013 711012